金川集团股份有限公司矿山充填系统职工经济技术创新成果汇编

本书编委会　编

北　京
冶金工业出版社
2019

图书在版编目（CIP）数据

金川集团股份有限公司矿山充填系统职工经济技术创新成果汇编／《金川集团股份有限公司矿山充填系统职工经济技术创新成果汇编》编委会编．—北京：冶金工业出版社，2019.6

ISBN 978-7-5024-8107-0

Ⅰ．①金…　Ⅱ．①金…　Ⅲ．①矿山充填—技术革新—科技成果—汇编—中国　Ⅳ．① TD853.34-12

中国版本图书馆 CIP 数据核字（2019）第 075042 号

出 版 人　谭学余

地　　址　北京市东城区嵩祝院北巷 39 号　邮编　100009　电话　（010）64027926

网　　址　www.cnmip.com.cn　电子信箱　yjcbs@cnmip.com.cn

责任编辑　戈　兰　美术编辑　彭子赫　版式设计　孙跃红

责任校对　王永欣　责任印制　李玉山

ISBN 978-7-5024-8107-0

冶金工业出版社出版发行；各地新华书店经销；北京博海升彩色印刷有限公司印刷

2019 年 6 月第 1 版，2019 年 6 月第 1 次印刷

169mm × 239mm；6 印张；113 千字；85 页

88.00 元

冶金工业出版社　投稿电话　（010）64027932　投稿信箱　tougao@cnmip.com.cn

冶金工业出版社营销中心　电话　（010）64044283　传真　（010）64027893

冶金工业出版社天猫旗舰店　yjgycbs.tmall.com

（本书如有印装质量问题，本社营销中心负责退换）

本书编委会

前　言

金川镍矿为特大型金属矿床，矿区地应力高，矿体厚大、埋藏深、围岩不稳固，是目前国内外不多见的难采矿床之一，针对金川镍矿这种不利的采矿技术条件，通过采矿方法论证和工程实践，选择了下向分层胶结充填采矿法。

充填技术与工艺对充填采矿的安全和高效生产起着至关重要的作用。为了满足矿山产能不断增长的需要，在金川镍矿几十年的充填采矿生产实践中三大矿区结合矿山作业特点，在充填物料制备、物料存储与运送、高浓度管道自流输送减阻技术、深井充填管路布设与优化以及充填管道修复等方面通过现场研究和技术攻关，涌现了大量职工技术创新成果。这些成果的推广运用，为优化系统性能、改善工作环境、降低安全风险发挥了积极作用。为了实现充填系统技术创新成果在三大矿区实现共享，金川矿山三大矿区组织技术人员收集了近年来优秀的技术创新成果，编印成册，旨在促进充填系统创新方面的技术交流，使创新成果更好的服务于矿山生产。

《金川集团股份有限公司矿山充填系统职工经济技术创新成果汇编》收集了55项创新成果。其中部分成果获得了国家专利及海峡两岸国际发明展览会金奖等荣誉，具有较大的推广应用价值。本书可供矿山工程技术人员阅读，同时也可作为矿山职工培训教材。编写时我们尽力使其完整、实用，但仍会有不足之处，恳请专家及读者不吝指正。

编　者

2019年1月

目　　录

充填系统介绍

1　充填系统介绍

1.1　龙首矿充填系统

1.1.1　东部充填系统

（1）龙首矿东部充填系统是原中、东部粗骨料充填系统的基础上改造而成的细沙管道充填系统。由金川镍钴研究设计院和金川集团信息与自动化工程有限公司联合设计，2003年3月开始施工，2004年7月20日建成投产。该系统采用美国A-B公司的PLC-SLC500及先进的智能化仪表进行自动化控制，安全系数及自动化程度高，运行可靠，操作简单方便。砂浆输送采用双金属复合耐磨钢管，不仅输送能力大，而且安装方便。龙首矿东、中部的充填能力为100m^3/h。简化了充填系统，减少了充填故障，提高了充填连续性，加强了充填质量控制。

（2）东部充填系统建有一座12m×38m×4.5m的卧式砂仓，仓容2000m^3，储料量最大为3000t。砂仓分隔为大小2个料仓，仓中建有2台15t抓斗桥式起重机和3个ϕ2m的圆盘稳料仓，容积各24m^3，其中，1号、2号、3号稳料仓储存棒磨砂。1号圆盘的给料能力为80t/h，2号、3号圆盘的给料能力为120t/h。砂石料经过1号、2号、3号皮带及4号稳料仓输送。1号皮带长42m，宽0.8m，负责将3台圆盘供应的砂石料输送到2号皮带上。输送能力250t/h，2号皮带安装在地表皮带廊内，长度为120m，宽0.8m，将1号皮带输送的砂石料再倒运到4号稳料仓，输送能力250t/h。4号圆盘的下方安装长7.1m，宽0.5m的3号皮带，输送能力为160～180t/h，将4号圆盘的砂石料输送到砂浆搅拌桶。4号稳料仓容积33m^3，在料仓底部装有1台ϕ2m的圆盘给料机，主要存放和输送来自2号皮带的砂石料，供料能力200t/h。

（3）东部充填系统建有1200t水泥仓1座、500t粉煤灰仓1座，分别用来储存水泥和粉煤灰。目前使用的两套灰浆制备系统，灰浆须在搅拌桶内制备均匀后，再由泵送到ϕ2m×2.1m砂浆搅拌桶内，充填能力100m^3/h，整个制浆过程分两级搅拌完成。

1.1.2 西部充填系统

龙首矿西部充填系统由金川镍钴研究设计院设计，金川集团公司建筑安装分公司和龙首矿共同施工，1992年12月投产，主要服务于龙首矿西采区的细砂管道充填。该控制系统采用了浙江大学中控DCS SUPCON JX-100及先进的智能化仪表进行自动化控制，自动化程度高，运行可靠，操作简单方便。砂浆输送采用双金属复合耐磨钢管，设计输送能力80m^3/h，实际充填能力达到100m^3/h。

西部充填系统建有1座10m × 45m × 4.5m的卧式砂仓，仓容2000m^3，最大储料量3000t，分为大小2个料仓。砂仓中建有2台10t抓斗桥式起重机和2个ϕ2m的圆盘稳料仓，容积各为24m^3。1号圆盘的给料能力80t/h，2号圆盘的给料能力120t/h。砂石料经过1条长37m，宽0.5m皮带输送，输送能力160 ~ 180t/h。1号、2号圆盘的砂石料通过这条皮带输送到砂浆搅拌桶。

西部充填系统建有600t水泥仓、粉煤灰仓各1座，分别用来储存水泥和粉煤灰。目前使用的2套灰浆制备系统，灰浆须在搅拌桶内制备均匀后，自流到ϕ2m × 2.1m砂浆搅拌桶内，充填能力100m^3/h，整个制浆过程分两级搅拌完成。

1.1.2.1 西二采区充填系统

龙首矿西二采区充填系统由中国恩菲工程技术有限公司设计，金川集团公司工程建设有限公司组织施工，2010年12月投产，主要服务于西二采区的细砂管道充填。该充填系统采用高浓度细砂自流胶结充填工艺，充填搅拌站建在地表1737.5m处，站内一楼设有低压配电室及2台加压供水系统；二楼主要有自动化仪表集中控制室及安装搅拌系统的平台。平台上安装了3套搅拌系统、3台供砂用的ϕ2m圆盘给料机、3台上灰的螺旋给料机、3套皮带计量系统以及各系统的现场控制箱和检测仪表等。站内15m平台上安装2台皮带运输机及配套的减速装置和动力装置。三楼设有3个容积为150m^{3}的棒磨砂缓冲砂仓，运输皮带的改向滚筒及卸砂用的2台犁式卸料器。在搅拌站房顶27m平台上建有3个容积为300m^{3}水泥仓，并安装3套24袋除尘系统及64袋收尘系统。每套砂浆制备系统由1个棒磨砂仓、1个水泥仓和1个搅拌系统组成，共计3套制备系统，单套系统的制备能力80m^3/h。3套系统中，2套设有加压泵装置，一套为自流输送。整个制浆过程为一级搅拌。砂浆输送管道采用刚玉复合钢管，设计充填能力80m^3/h。

西二采区充填系统由充填搅拌站、 棒磨砂皮带廊、棒磨砂厂房组成。充填搅拌站为充填系统的生产、调度、指挥和控制中心。棒磨砂皮带廊皮带主要承担棒磨砂运输。棒磨砂厂房承担火车运来的棒磨砂石料的临时储存，充填时转运直至运输皮带实现采空区填充。

充填系统集中控制室设在充填搅拌站二楼，室内安装充填控制系统的PLC控制柜、JDPC柜及高压系统直流电源柜。该控制系统采用A–B公司生产的SLC5000型PLC控制器，类似现场总线的控制模式，将现场仪表的检测数据及现场控制箱的传输信号，由I/O模块通过双Cnet网（一备一用）上传至控制PLC，然后通过工业以太网将数据传输到上位机，实现远程、机旁两地控制。该控制系统自动化程度高，运行可靠，操作简单方便，故障少；同时降低了作业人员的劳动强度，改善了作业环境，提高了充填连续性，能够较好地控制充填质量。系统投产后，可满足生产需要。棒磨砂皮带廊内安装的运砂皮带是一条长距离运输皮带，长度约1200m，带宽800mm，带速2.0m/s。胶带为ST1250钢绳芯胶带，采用变频启动装置驱动。动力装置为功率2×160kW的电机，胶带机头部设有2个犁式卸料器。整条皮带廊内同时安装消防和供暖设备，确保冬季充填时砂石料正常运输。棒磨砂厂房内主要设有 1 个54m×21m×5.5m的卧式砂仓、控制室和配电室；同时安装 1 台ϕ3m圆盘给料机及3台16t抓斗桥式起重机。砂仓主要储存火车运来的棒磨砂；配电室提供整个厂房的动力及照明电源，控制室内主要安装控制ϕ3m圆盘给料机的变频柜，用于调节砂石料运输量的大小。

1.1.2.2　西一采区充填系统

龙首矿西一采区充填系统由充填搅拌站、1号、2号棒磨砂皮带廊、卧式砂仓组成，卧式砂仓场地标高1689.2m，搅拌楼场地标高1695.0m。站内共建3套水泥制浆系统、3套充填搅拌系统,每套系统充填能力可达150m^3/h。水泥制浆系统设有3个800t水泥仓，采用3台电动闸门分别向3台螺旋输送机给料，再分别向3台ϕ2m的高浓度灰浆搅拌机给料，制备好的水泥浆采用自流的方式，

进入充填搅拌系统中的ϕ2.6m高浓度砂浆搅拌机。

2个卧式砂仓总容量为8000m^3，砂仓上部设3台20t的抓斗起重机，3个中间料斗下各配一台ϕ3m圆盘给料机，将砂石给至B=1000mm，L=120m的水平皮带机，再转运至B=1000mm，L=60m，$\alpha=12°$ 的倾斜皮带机，再将砂石运至充填料搅拌系统的中间料仓。中间料仓下部设3台ϕ3m圆盘给料机，将砂石给至3条水平皮带机（B=800m，L=10m，N=15kW），分别给到3台ϕ2.6m的高浓度搅拌机内，搅拌好的充填料由充填管自流输送至需充填的采场。

1.2　二矿区充填系统

1.2.1　二期搅拌站

二期充填搅拌站于1996年开工建设，1999年8月交付使用。该搅拌站包括两套自流充填料浆制备系统和一套膏体充填料浆制备系统。经过多年来技术改造，现有一套大流量自流充填系统和一套膏体充填系统。

1.2.1.1　自流充填系统

大流量自流充填料浆制备系统采用高浓度自流充填工艺，充填骨料为棒磨砂和碎石，胶结材料为复合水泥，其配比参数为棒磨砂∶水泥=4∶1，浓度77%～79%，自流充填系统的设计充填能力为150m^3/h。

二期充填搅拌站和扩能充填搅拌站共用一个棒磨砂仓，总容量9850m^3，可储存14785t棒磨砂，二期搅拌站两套系统和扩能搅拌站三套系统同时工作时，平均日用棒磨砂大于7000t，棒磨砂仓可储存2d的用量。棒磨砂厂房内共安装4台桥式抓斗起重机，其中2台15t，2台16t，正常3台工作，1台备用。

二期充填系统设有2个直径为ϕ10m的水泥仓（有效储存量1450t×2）。在仓下设有微粉秤螺旋给料机，水泥经微粉秤螺旋给料机进入搅拌桶。自流充填的棒磨砂供料系统由棒磨砂仓内桥式抓斗起重机抓料，一台直径为ϕ3m的圆盘给料机给料，经B=650mm的2条皮带（1号和5号）接力输送到缓冲砂仓，在缓冲砂仓下设有定量给料机，充填骨料经定量给料机进入搅拌桶内。

1.2.1.2　膏体充填系统

膏体充填料浆制备系统设计为分级尾砂、-25mm破碎戈壁集料、水泥加粉煤灰混合料膏体泵送系统，其配比参数为尾砂:碎石:水泥:粉煤灰=1:1:0.25:0.125，浓度82%，系统的设计充填能力为60m³/h。

膏体充填系统设计时尾砂需经水平真空带式过滤机过滤，用皮带输送滤饼；粉煤灰在地表干加，碎石、尾砂和粉煤灰三种物料的混合料经两段卧式搅拌机进行搅拌，在地表和井下各设1台德国SCHWING公司生产的KSP140-HDR双缸液压活塞泵进行接力输送；水泥首先由1台活化搅拌机进行搅拌，由1台德国PM公司生产的KOS2170双缸液压活塞泵输送到井下的接力泵站，将水泥浆加到接力泵站的搅拌机中。膏体充填系统在使用过程中出现的问题较多，使用单位进行了多次改造，主要有：（1）由于水平真空带式过滤机运行不稳定，影响正常生产，改造后取消了尾砂过滤的工艺系统，将尾砂浆用管道直接输送到搅拌机中。也由于尾砂不过滤，充填料浆浓度有所降低。（2）由于水泥活化搅拌筒和水泥浆输送管道挂浆严重，不易清洗，取消了水泥的活化搅拌系统，借用了自流充填的2号系统进行水泥浆搅拌，然后用离心泵将水泥浆送到地表的搅拌机。（3）由于碎石在金川的使用量很小，取消了碎石充填料，现在改用棒磨砂来替代。（4）由于浓度较低，第一段搅拌机作用不大，改成了溜槽。（5）对第二段搅拌机的轴头密封等进行了改造。

1.2.2　充填扩能系统搅拌站

二矿区自流充填扩能改造项目2013年3月份开始施工，2014年5月交付使用。充填扩能系统搅拌站共有三套大流量高浓度充填搅拌系统（两用一备），采用高浓度自流充填工艺，充填骨料为棒磨砂和碎石，胶结材料为复合水泥，其配比参数为棒磨砂:水泥=4:1，浓度77%～79%，单套设计充填能力为150～180m³/h。每套系统包括：棒磨砂的储存和给料设施、复合水泥的储存和给料设施、加水及调节设施、搅拌设施等。棒磨砂供料系统由棒磨砂仓内桥式抓斗起重机抓料，一台直径为ϕ3m的圆盘给料机给料，经皮带接力输送到缓冲砂仓，每套系统设有一个容量约为200t的缓冲棒磨砂仓，在缓冲

砂仓下设有宽度B=1200mm，长度3.4m的定量给料机，充填骨料经定量给料机进入搅拌桶内。定量给料机有给料和计量两种功能，可以直接反馈调整棒磨砂给料量。水泥供料系统由高压风将水泥罐车中散装水泥经管道输送至水泥仓中，每套系统设有一个容量为1500t的水泥仓，可供系统连续工作32h，3个仓最大可以储存4d的平均用量，在每个水泥仓顶设有收尘器。下水泥仓下设一台微粉秤，将水泥输送至高浓度搅拌桶中。微粉秤同样有给料和计量两种功能，可以直接反馈调整水泥给料量。给水量的计量采用电磁流量计，反馈到水管上的电动调节阀来调节给水量。

二期充填系统和扩能充填系统均采用DCS集散控制系统，仪表及电气信号均送到控制系统中，完成生产流程中主要工艺参数的自动检测和调节，以及主要电气设施的开、停及联锁控制，实现仪控、电控一体化。为满足生产管理和内部通信联络的需要，二期充填系统和扩能充填系统均安装有内部生产调度通信系统和工业电视监控系统。

1.3　三矿区充填系统

三矿区充填系统分为1号、2号、3号系统，均采用高浓度细砂管道自流输送。其中1号、2号系统共用一套皮带运输机，2010年正式投入使用的3号系统为一套单独充填系统。每套充填系统的设计能力80m^3/h，实际生产能力100～110m^3/h,主要由容积为两个700m^{3}卧式砂仓，450t水泥仓一个，200t水泥仓两个，中控室、高位水池、ϕ245mm钻孔和ϕ100mm输送管网组成。

1.3.1　主要设备

砂仓厂房内三台5t抓斗，ϕ2m供砂圆盘给料机两台，振动隔筛两个，皮带运输机两条，立式搅拌机3台，仪表控制柜，PLC控制柜，低压配电室及现场检测调节仪表。

1.3.2　检测调节仪表

工业密度计3台（采用放射性元素铯137，测量介质密度、浓度）；电磁流量计6台（采用通径ϕ100mm传感器，用于测量砂浆和供水流量，量程：0～150m^3，0～80m^3）；电容式差压液位计3台（用于测量搅拌桶内物料料位，量程：0～2m）；冲板流量计3台（测量供灰瞬时量，量程：0～50t）；电子皮带秤两台（测量供砂瞬时量，量程：0～200t）；流量调节阀6台（砂浆输送调节3台，量程：0～100mm；供水流量调节3台，0～50mm）；重锤式料位计3台（测量水泥仓料位，量程：0～15m）；超声波物位计1台（测量高位水池液位，量程：0～3m）；调节阀一个（控制高位水池供水）。

1.3.3 控制系统

目前，充填新老系统采用AB-LOgix5000控制系统,配备I/O模块、数字I/O模块、模拟量I/O模块、特殊I/O模块、通信模块、适配器模块，是一种模块化系统，具有较强的灵活性和处理能力，支持在线修改、上传，组态灵活，采用工业以太网完成数据的传输。控制系统包括水泥给料自动控制回路、砂石给料自动控制回路、液位流量自动控制回路、浓度自动控制回路、高位水池控制回路、视频辅助监控系统、生产报表系统自动生成等。

技术创新成果

2　技术创新成果

2.1　龙首矿技术创新成果

2.1.1　渣浆泵创新运用

项目背景

西二采区制浆站由单系统充填改为双系统充填以来，1号、2号水泥仓的水泥储量无法满足所需的充填量，难以实施长期充填任务。

创新内容

预制并安装渣浆泵底座，安装渣浆泵体，并焊接敷设管路，将3号搅拌筒灰浆输送管分别与1号、2号搅拌筒连接起来。安装风水联动装置，将3号灰仓的水泥制成灰浆，分别泵送到1号、2号搅拌筒中。

实施效果

渣浆泵加装改造完毕后，及时有效地补充了灰浆，缓解了双系统充填供需不足的情况，有效提高了充填效率，保证了充填系统正常运作。

2.1.2 制浆站0号圆盘两地控制改造项目

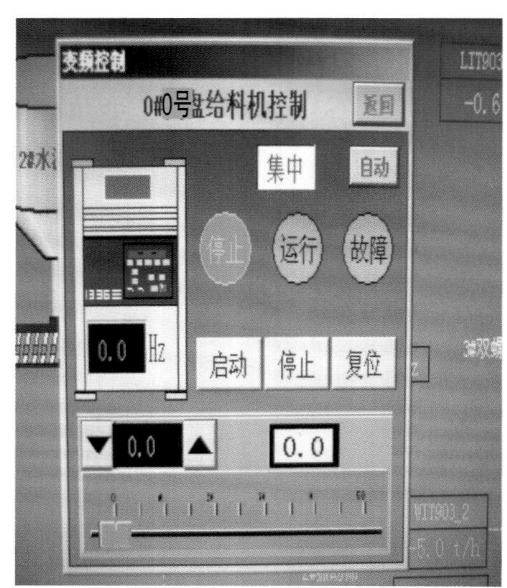

项目背景

原有圆盘控制器在圆盘给料机上方且只能手动启停，一方面操作时不方便，另一方面由于砂仓和制浆站距离相对较远，只能靠电话通知，在应对突发的堵管及控制供料速度时不能及时停止圆盘转动，操作的及时性方面无法保证。

创新内容

辅助维修人员在0号圆盘的旁边和仪表室分别加装圆盘两地控制器，加装后仪表操作人员可通过电脑显示精准的控制圆盘转动频率，也可以人工进行手动控制。

实施效果

此项改造项目提高了作业效率，最大程度上缩短了应对突发事件的响应时间。

2.1.3 砂仓天车钢丝绳缠绕装置

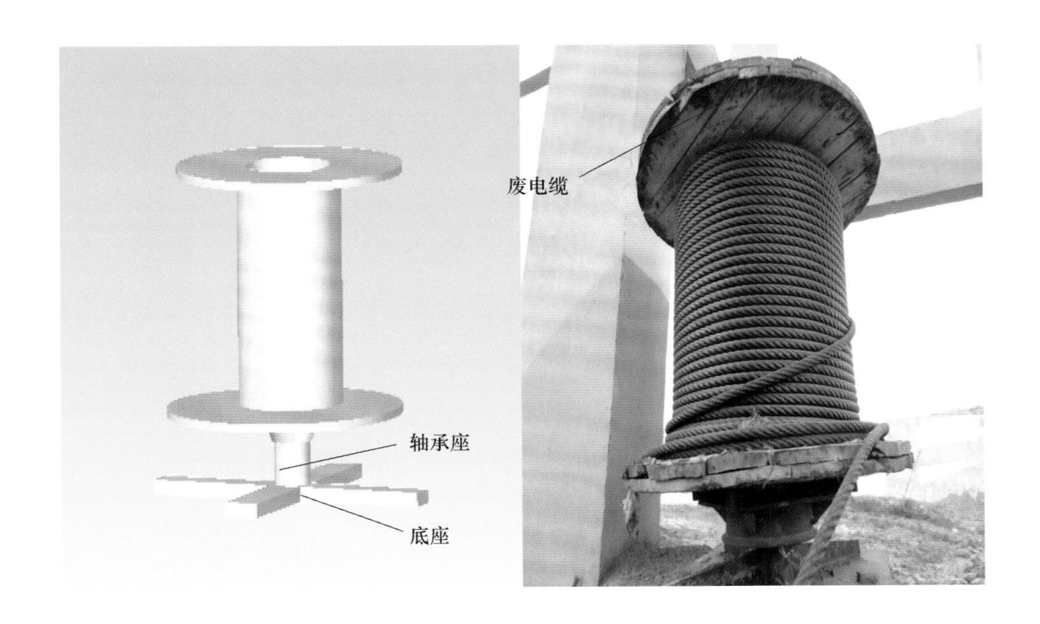

项目背景

西二采区天车为16t抓斗桥式起重机，使用钢丝绳直径为22mm。每次更换磨损严重的钢丝绳时必须有3～5人才能从卷绳器上取绳，劳动强度大，作业效率低。

创新内容

改造加工半自动缠绕装置，把原有放在地面上的钢丝绳，放在改造成的半自动缠绕装置上即可缠绕钢丝绳，此装置采用可旋转圆盘，将圆盘下部与预埋好的钢筋混凝土焊接，并在圆盘中间设有固定装置，用以固定钢丝绳盘。

实施效果

创新后的装置只需1人即可取绳，方便快捷，安全系数高，节约了人力资源，提高了作业效率。

2.1.4　制浆站0号圆盘纠偏装置改造

项目背景

原有WYH800X型纠偏装置因检驱轮较短，皮带运转时，出现皮带上下大幅波动的情况，导致油压缸系统不能同步进行，防跑偏效果差。

创新内容

对原有纠偏器进行改造，由L=50mm，改造为L=200mm，增大有效行程，同时对纠偏装置的下纠偏梁进行改造调整，使其完全适合皮带运行时的调整纠偏需要，在皮带架上安装三脚固定架，起到进一步紧固稳定的效果。

实施效果

经过改造的纠偏总装装置，防止了0号皮带跑偏漏砂的情况发生，有效阻止了导向轮架上皮带刮、磨而导致的皮带刮裂事故的发生，确保了充填连续性。在降低设备维修频率、成本方面起到了一定作用。

2.1.5 早强剂单螺旋自流改造

项目背景

原有早强剂是由电气控制，单螺旋直径管小，早强剂中含有杂物或受潮结块后容易出现堵管情况，同时原有早强剂供料系统控制距离远，作业人员必须到早强剂仓进行控制，作业时粉尘大，危害作业人员健康。

创新内容

将原有电气控制部分拆除，改造成由插板控制早强剂供给量大小，皮带廊中皮带在运动时早强剂自动且均匀流出，皮带停止时早强剂也随之停止供料。

实施效果

此项改造工艺简单，实际效果良好，同时免维护，节约了设备与人工成本，提高了作业效率。

2.1.6 充填手动快速断管装置

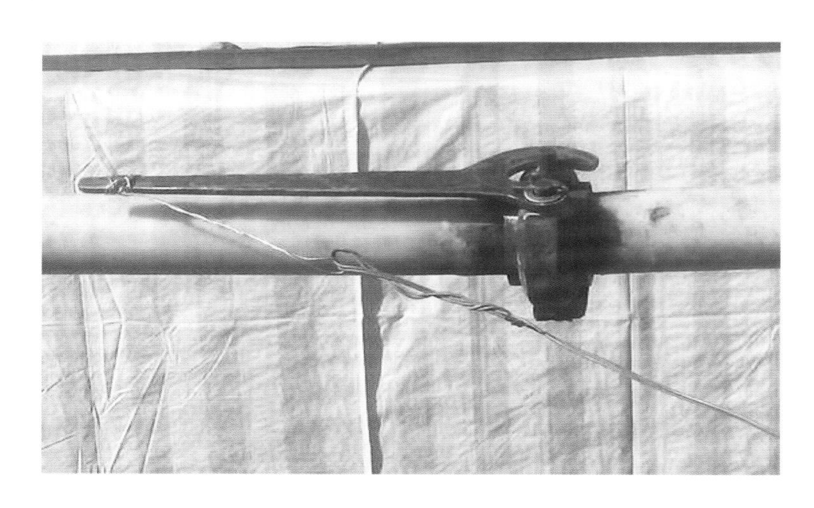

项目背景

粗骨料、废石、河砂、尾砂充填料浆在进路中都存在不同情况的离析现象，骨料在出料口堆积得多，水泥浆流到距离出料口较远的地方，为了保证进路充填体的强度，设计时加大了料浆中水泥使用量，造成局部充填体中水泥过剩，充填总体成本过高。

创新内容

断管装置由两根带内卡的充填管和快速接头组成（见图），断管装置安装在距离进路充填挡墙1～6m的范围内，并在进路口的充填管头处进行悬吊，在第二根充填管距离接头2m处进行悬吊。安装时可将拉开的绳子和铁丝一并悬挂在顶板上。充填料浆充到距离充填挡墙上口1m时，开始拉开拉绳，实现断管充填的目的。

实施效果

通过采场进路充填过程中断管装置的研究，在进路充填过程中料浆离析区域进行断管充填，在同一条进路中两点或多点下灰，达到充填料浆在进路中相对均匀混合，配合充填浓度提高的措施，将为采场实现提高充填体整体性和整体强度的目的。

证书号第4570048号

实用新型专利证书

实用新型名称：一种胶结充填采矿法中的断管充填装置

发　明　人：刘世杰；董玉林；陈卓

专　利　号：ZL 2015 2 0249939.1

专利申请日：2015年04月23日

专利权人：金川集团股份有限公司

授权公告日：2015年08月26日

本实用新型经过本局依照中华人民共和国专利法进行初步审查，决定授予专利权，颁发本证书并在专利登记簿上予以登记。专利权自授权公告之日起生效。

本专利的专利权期限为十年，自申请日起算。专利权人应当依照专利法及其实施细则规定缴纳年费。本专利的年费应当在每年04月23日前缴纳。未按照规定缴纳年费的，专利权自应当缴纳年费期满之日起终止。

专利证书记载专利权登记时的法律状况。专利权的转移、质押、无效、终止、恢复和专利权人的姓名或名称、国籍、地址变更等事项记载在专利登记簿上。

局长
申长雨

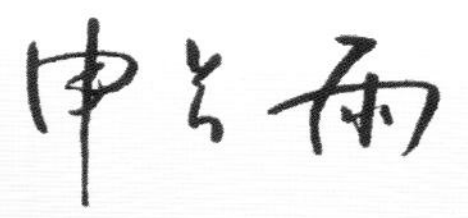

第1页（共1页）

2.1.7 充填钻孔拔管、校正装置

项目背景

通过数字化钻孔影像仪观测发现，充填钻孔受砂浆冲击过程中均存在一个重点磨损区域，该区域位于充填钻孔上口的保护短接300mm以内，一旦磨破，必须紧急停车，造成充填中断，对充填体质量造成一定的影响，同时在拆除并更换该区域的上口保护短接时难度大，费时费力。

创新内容

该装置采用丝杠原理，将卡口对准法兰盘，丝杠向上旋转后卡口自动将法兰盘卡紧，旋转丝杠手柄使钻孔保护短接与钻孔快速分离，达到拔管的效果，同时在安装时对钻孔与法兰盘连接起到校正的作用。

实施效果

该装置为安装钻孔上口保护短接提供了校正装置，有效改变了以往仅凭手工操作安装短接带来的难度大、费时费力、精确度不高等问题，此装置的应用使更换钻孔上口保护短接更为便捷，有效降低了职工的劳动强度，提高了作业效率。

证书号第4572319号

实用新型专利证书

实用新型名称：充填钻孔拔管、校正装置

发　明　人：景天文；刘世杰；董玉林；陈红权

专　利　号：ZL 2015 2 0250162.0

专利申请日：2015年04月23日

专 利 权 人：金川集团股份有限公司

授权公告日：2015年08月26日

本实用新型经过本局依照中华人民共和国专利法进行初步审查，决定授予专利权，颁发本证书并在专利登记簿上予以登记。专利权自授权公告之日起生效。

本专利的专利权期限为十年，自申请日起算。专利权人应当依照专利法及其实施细则规定缴纳年费。本专利的年费应当在每年04月23日前缴纳。未按照规定缴纳年费的，专利权自应当缴纳年费期满之日起终止。

专利证书记载专利权登记时的法律状况。专利权的转移、质押、无效、终止、恢复和专利权人的姓名或名称、国籍、地址变更等事项记载在专利登记簿上。

局长
申长雨

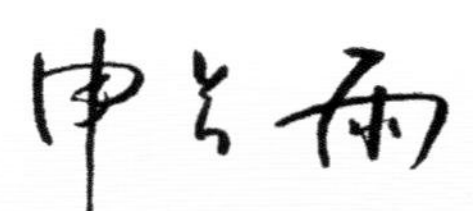

第1页（共1页）

2.1.8　一水二风三联动先进操作法

项目背景

充填作业对采场采空区进行充填，因为物料的原因，在充填过程中，极易发生堵管事故，管路堵塞后，处理管路的方法是一根一根拆开管路处理，先把胶管安装到水管上冲洗管路，冲开后，再把胶管从水管上拆卸下来，安装到风管上，对管路进行吹风，直到管路干净为止，要来回反复的操作，费时费力，处理全系统需要20多个小时，浪费人力资源，并且特别费水，平均处理一次要使用30～40t水，成本浪费大。

创新内容

在风、水管上各加装一个控制阀门，形成可以一边通水，又可以一边通风的装置，在管路发生堵塞时，开启此装置，达到向充填管内同时注水压风的效果。

实施效果

这一先进的操作方法，解决了来回反复拆卸管路的问题，省时省力，节约水资源，消除了安全隐患，大幅度减轻了职工的劳动强度。

2.1.9 任意角度转换装置

项目背景

井下部分充填道由于使用年限长变形严重，给管路安装造成很大的困难，同时现用弯头仅有90°、120°、150°三种规格，因不能和现场实际情况匹配，所以在现场安装时需要电气焊等设备设施按实际角度加工安装，费时费力，职工劳动强度大。

创新内容

截取所需长度的高压耐磨胶管，制作两头带法兰的耐磨插管，将插管固定在胶管两头，便可实现充填弯管任意角度的转换连接。

实施效果

解决了不规范充填道管路安装难度大的问题，实现了充填弯管角度可以任意改变转换，同时有效减轻了职工的劳动强度，缩短了安装时间，提高了劳动效率。

2.1.10 充填弯管角度测量装置

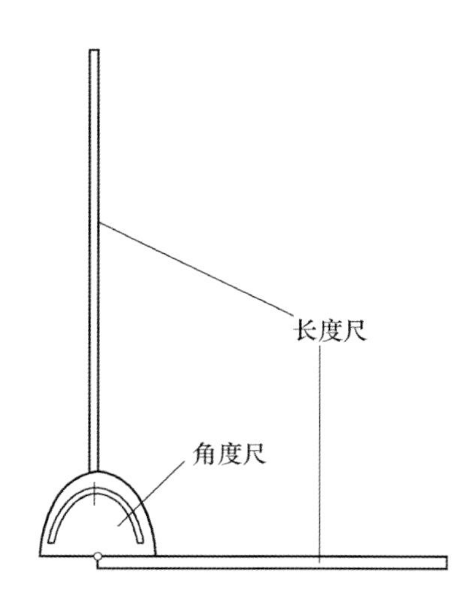

项目背景

以往在充填管路管件的安装过程中，没有测量所需加工管件长度与角度的工具，需要几个人抬上管件，反复进行对比，得到加工管件的角度与尺寸，这样得到的角度与尺寸与实际所要求的管件误差大，影响管路安装。

创新内容

先在两根1500mm × 40mm的角铁上标上刻度尺，然后切割一块直径250mm × 2mm的铁半圆，标注半圆刻度，在半圆铁板的圆心上打孔穿一个轴，将其中一块标有刻度的角铁焊在半圆铁板的一边，将另一个角铁焊在轴上，最后在角铁上焊接一个可以控制角铁移动的装置，在充填管路安装时只需要用此量角器就能精确度量所需管件的长度与角度。

实施效果

操作方便，快捷，能精确度量所需充填管件的长度与角度，有效降低了职工的劳动强度，加快充填管路安装工作进度，同时还能对制式充填弯管进行验收与校正。

2.1.14　充填法兰校正装置

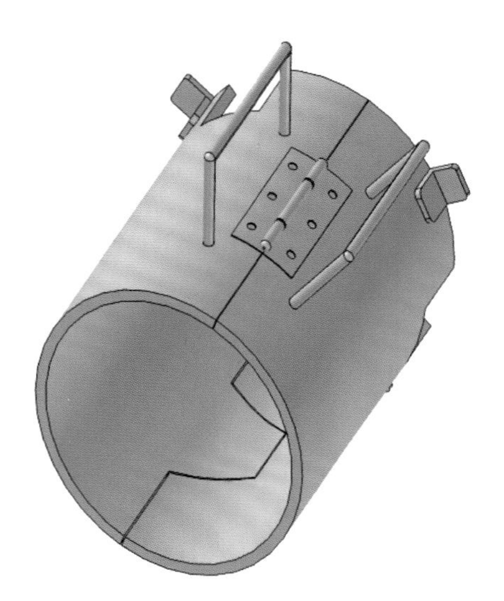

项目背景

以往在焊接管路的法兰时，只能依靠人的眼睛观察，确定法兰是否规正，误差大，精确度不高，安装难度较大。

创新内容

制作内径与充填管外径相同的管套，每次焊接法兰时，套在焊接法兰的一端。依照管套为参照物来直接进行校正焊接。

实施效果

功能性实用，操作简单，快速校正。加快了法兰焊接的速度，提高了精确度，有效的避免了眼睛观察产生的误差与法兰焊接不平造成的管路对接难度大及漏浆等问题，提高了工作效率，有效降低了劳动强度。

2.1.15 充填管路安装缓降装置

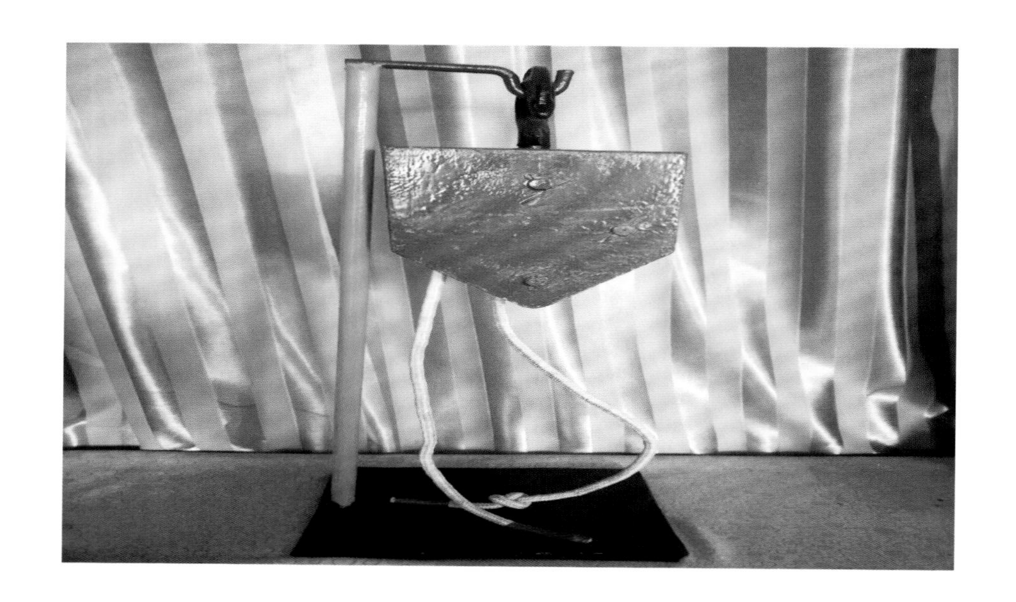

项目背景

以往在充填管道井内安装管路时，必须在管道井口上方使用圆木打一横梁，将麻绳缠绕在横梁上，进行井内吊装作业。作业时，操作人员在井内安装，使用麻绳上下吊装管路，麻绳磨损较大，同时上下吊装的速度不容易控制，存在一定的安全隐患。安装一次，需要8～9人才能完成安装作业，费时费力。

创新内容

设计一个类似滑轮的缓降装置，在充填管路安装过程中，将其固定在充填管道井口上方，通过麻绳将管子缓慢吊入管道井内，进行安装作业。

实施效果

此装置极大的消除了麻绳磨损断裂、管路下降速度不容易控制产生的一系列安全隐患。同时现在只需要2～3人就可轻松完成充填管上下吊装速度的控制。

2.1.16 钻孔安全操作平台

项目背景

充填钻孔下口距地面2～4m，在处理钻孔堵塞时，存在充填弯管的旋转、砂浆的喷溅、冲击伤人等一系列不安全因素。为了消除一系列安全隐患，搭建充填钻孔安全操作平台。

创新内容

在钻孔下方根据钻孔位置高低，加工制作符合规定的安全操作平台，人员可以站在操作平台上进行相关的各项安全作业。

实施效果

消除了处理钻孔堵塞时，充填弯管的旋转、砂浆的喷溅、冲击伤人等一系列不安全因素。有效保障了操作人员的人身安全，减轻了职工的劳动强度，提高了疏通充填钻孔的工作效率。

2.1.17 搅拌桶喷雾降尘装置

项目背景

西二采区灰浆搅拌桶运作时，桶内水泥粉外冒严重，污染整个作业场所，长期运作对人员和设备造成损伤,也造成资源浪费。

创新内容

工区利用喷雾降尘的原理，在1号、2号下料漏斗距离桶面1m处环绕加装喷雾管，搅拌的同时喷雾管也开始喷射水雾，此时上浮外冒的灰尘遇到水雾便下沉到搅拌筒内。

实施效果

杜绝了水泥灰外冒，收尘效果良好，有效保护了室内环境，同时减少了水泥粉外冒造成的浪费。

2.1.18　制浆站搅拌桶叶轮叶片改造

项目背景

由于粗骨料的大量使用，搅拌过程中搅拌叶轮叶片磨损比较严重，导致搅拌能力下降，直接影响充填物料的流量，易造成管路堵塞。

创新内容

严格按照铸钢焊补工艺措施，遵循动平衡原理，在原叶轮相互对称的两片叶片上焊接加工厚度为20mm的耐磨锰钢板，使得叶轮面积增大，搅拌能力增强。

实施效果

此改造，增加了充填物料与叶轮的接触面积，提高了搅拌能力，使物料搅拌更加均匀，减少了因搅拌能力弱，砂石沉淀发生的筛网堵塞，导致砂浆断流而发生的堵管事故。同时延长了叶轮的使用寿命，由原来的2万立方米更换一次，延长至3.5万立方米更换一次，节约了备件费用。

2.1.19 充填管路重点部位保护装置

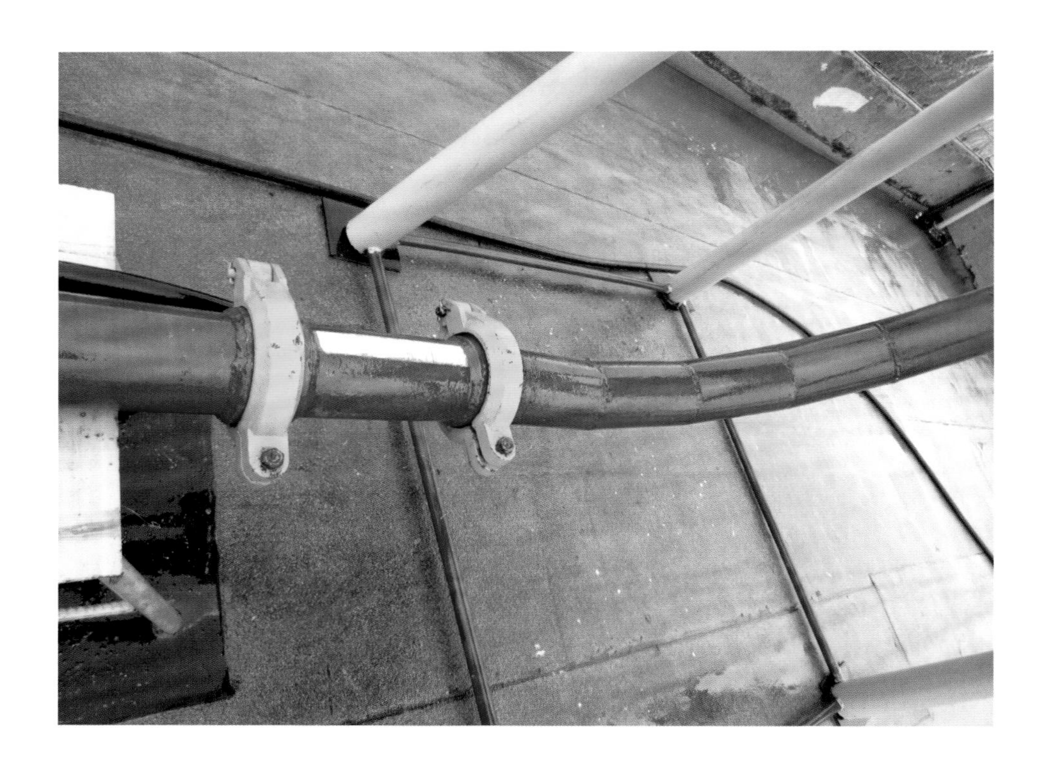

项目背景

充填过程中充填管路的进口磨损比较严重，且修复难度大，磨损后，会造成整根管路报废，报废后更换费时费力，且成本消耗大。

创新内容

根据多年经验经反复的实验研究后，提出在充填弯管的出口与直管的进口部位设计安装一个30mm的充填管路，起到缓冲及校正砂浆流向的作用。

实施效果

减少了充填管路的消耗，降低了职工的劳动强度，确保了充填系统的稳定高效。

证 书 号第1076618号

实用新型专利证书

实用新型名称：一种下向胶结充填采矿法采场的充填管道

发　明　人：刘世杰;赵全威;朱锡江

专　利　号：ZL 2007 2 0181363.5

专利申请日：2007年10月25日

专利权人：金川集团有限公司

授权公告日：2008年7月23日

本实用新型经过本局依照中华人民共和国专利法进行初步审查，决定授予专利权，颁发本证书并在专利登记簿上予以登记。专利权自授权公告之日起生效。

本专利的专利权期限为十年，自申请日起算。专利权人应当依照专利法及其实施细则规定缴纳年费。缴纳本专利年费的期限是每年10月25日前一个月内。未按照规定缴纳年费的，专利权自应当缴纳年费期满之日起终止。

专利证书记载专利权登记时的法律状况。专利权的转移、质押、无效、终止、恢复和专利权人的姓名或名称、国籍、地址变更等事项记载在专利登记簿上。

局长 田力普

第 1 页 （共 1 页）

2.1.20 钻孔上口保护装置

项目背景

充填作业过去钻孔口变径与充填管的连接是直接焊接连在一起的，破损后更换要用气焊来切割，每次使用氧气乙炔要用车辆上下运送，职工劳动强度大，并且充填钻孔上口极易磨损，修复难度大，同时还存在更换时的安全隐患。

创新内容

在充填钻孔上口设计两块400mm × 400mm的钢板活动底座，在底座边缘上打8个直径16mm的螺丝眼，一块焊接在钻孔口，另一块中间焊接一个长200mm的短节，使短节插入另一块钢板中间，形成可拆卸式的连接。

实施效果

这个装置可以提前制作，避免了每次使用氧气乙炔要用车辆上下运送的问题。同时通过这个装置，校正了灰浆的流动方向，有效的保护了充填钻孔上口，延长钻孔的使用寿命,并且更换相当方便，还减轻了钻孔与管路的连接难度，降低了劳动强度，达到了节能降耗的目的。

证书号第4569732号

实用新型专利证书

实用新型名称：充填钻孔上口保护装置

发　明　人：刘世杰；董玉林；陈卓；康文虎

专　利　号：ZL 2015 2 0250045.4

专利申请日：2015年04月23日

专 利 权 人：金川集团股份有限公司

授权公告日：2015年08月26日

本实用新型经过本局依照中华人民共和国专利法进行初步审查，决定授予专利权，颁发本证书并在专利登记簿上予以登记。专利权自授权公告之日起生效。

本专利的专利权期限为十年，自申请日起算。专利权人应当依照专利法及其实施细则规定缴纳年费。本专利的年费应当在每年04月23日前缴纳。未按照规定缴纳年费的，专利权自应当缴纳年费期满之日起终止。

专利证书记载专利权登记时的法律状况。专利权的转移、质押、无效、终止、恢复和专利权人的姓名或名称、国籍、地址变更等事项记载在专利登记簿上。

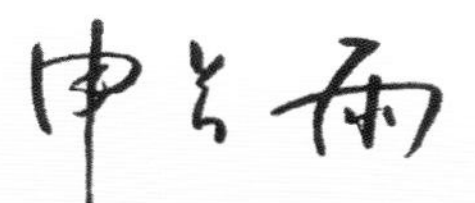

局长
申长雨

第 1 页 (共 1 页)

2.1.21 钻孔变径装置

项目背景

以前没有规范的变径装置，对钻孔下口的磨损较大，不便于维护，不能保证充填的连续性。容易磨破，存在安全隐患。

创新内容

经过多年的摸索与实验，利用锰钢管加工一个上口与钻孔内径相同，下口与充填管路内径相同的变径装置，焊接在钻孔下口即可。

实施效果

改变了以往的不规范与不耐磨的现象，使钻孔变径更加合理化规范化，延长钻孔的使用寿命两三倍，加工方便，维护更换更加便捷，减轻了劳动强度，有效降低了材料消耗。

2.2 二矿区技术创新成果

2.2.1 150m/h大流量搅拌槽的研制

项目背景

在充填料浆制备和充填工艺流程中，搅拌技术及设备占有重要地位。高浓度搅拌槽作为充填搅拌系统中的关键设备，其搅拌效果的好坏直接影响着充填体的质量和管道输送的顺畅。二矿区原有搅拌槽规格为ϕ2000mm × 2100mm高浓度搅拌槽，充填能力为80m^3/h，该设备已成为矿山料浆管道充填系统中制备充填料的标准设备。但随着矿山开采量的加大，要求充填系统具有更大的充填能力，原设备已不能满足生产要求，需要研制一种流量更大的搅拌槽，既能提升单套系统充填能力，又节省系统环节，减少充填管路及钻孔数量，便于维护管理。

创新内容

通过充填扩能改造项目对搅拌槽进行重新设计改造，首先，确定基准搅拌槽参数；其次，几何相似是搅拌设备放大中首先要满足的条件，并分析在几何相似条件下，各搅拌参数之间的关系；然后，根据具体搅拌过程的特性，确定合适的放大基准；最后，再对过程效果及经济性进行综合评价，修正某些几何条件，并进一步进行细化，完成大容量搅拌设备的设计。

实施效果

项目实施后，通过工业试验及后续生产得到的数据，所研制的大容量搅拌槽单套充填能力达到150~180m^3/h，将原来充填系统的单套能力提高到2倍以上。从而有效减少系统配置套数，简化管理，降低成本。在大型、超大规模充填矿山有着广泛的应用前景。

证书号第4300029号

实用新型专利证书

实用新型名称：一种矿山充填料浆搅拌装置

发　明　人：彭家顺；莫亚斌；郭彩守；宋旭；王兴国；张文生

专　利　号：ZL 2014 2 0757197.9

专利申请日：2014年12月07日

专 利 权 人：金川集团股份有限公司

授权公告日：2015年05月13日

本实用新型经过本局依照中华人民共和国专利法进行初步审查，决定授予专利权，颁发本证书并在专利登记簿上予以登记。专利权自授权公告之日起生效。

本专利的专利权期限为十年，自申请日起算。专利权人应当依照专利法及其实施细则规定缴纳年费。本专利的年费应当在每年12月07日前缴纳。未按照规定缴纳年费的，专利权自应当缴纳年费期满之日起终止。

专利证书记载专利权登记时的法律状况。专利权的转移、质押、无效、终止、恢复和专利权人的姓名或名称、国籍、地址变更等事项记载在专利登记簿上。

局长
申长雨

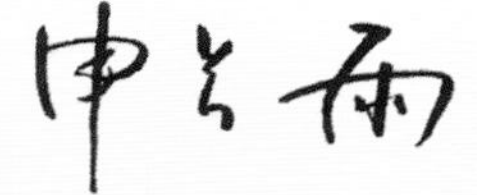

第 1 页 (共 1 页)

2.2.2 井下充填管路转换接头的研究与应用

项目背景

充填堵管是充填生产中不可避免的一种事故，造成堵管的原因是多方面的，主要有突然的停电停水、较大碎石或杂物的混入，以及爆管、断灰、调节阀失灵、钻孔塌孔等。充填堵管后一般应在6～8h内处理完毕，否则，混凝土在管道内凝结就会造成管道报废，造成充填系统瘫痪，影响生产。传统的堵管处理方法是利用地表与井下高度差形成的水压，再通过管路上的三通进行逐段处理。此方法适用于局部堵管或管路较短的堵管。但对于经过几十年开采的矿山来说，井下单套系统管线平均长度达到2500m以上，涉及五个分段，系统发生堵管后，采用这种处理方法要在6～8h之内完成堵管的处理，难度非常大。而且随着管道的延长导致无法保证足够的水压。不仅浪费水资源，而且被堵的充填管如果得不到及时的处理，会导致充填管道内料浆凝固，充填管路报废，造成材料成本的大量浪费。

创新内容

先准备一根长4m蛇形软管（带钢丝），再焊接两根与充填系统所用快速接头大小一致的接头，将两根接头分别插入软管两端，并连接牢靠。使用时将软管的一端连接需要处理的管路，另一端与备用系统或应急水源相连接，即可实现多中段同时进行排堵作业。

实施效果

提高了堵管处理的效率2倍以上。解决了因堵管造成的充填管路报废问题，经济效益明显；保证新建大流量系统达到设计150m^3/h的能力；保证大流量系统料浆浓度控制在77%～79%之间，其他各种参数真实、有效，满足了生产需求。

证书号第4299059号

实用新型专利证书

实用新型名称：一种矿山充填系统管路转换接头

发　明　人：彭家顺；艾亚斌；郭彩守；宋迅；吴德方；曾令军

专　利　号：ZL 2014 2 0757200.7

专利申请日：2014年12月07日

专 利 权 人：金川集团股份有限公司

授权公告日：2015年05月13日

本实用新型经过本局依照中华人民共和国专利法进行初步审查，决定授予专利权，颁发本证书并在专利登记簿上予以登记。专利权自授权公告之日起生效。

本专利的专利权期限为十年，自申请日起算。专利权人应当依照专利法及其实施细则规定缴纳年费。本专利的年费应当在每年12月07日前缴纳。未按照规定缴纳年费的，专利权自应当缴纳年费期满之日起终止。

专利证书记载专利权登记时的法律状况。专利权的转移、质押、无效、终止、恢复和专利权人的姓名或名称、国籍、地址变更等事项记载在专利登记簿上。

局长
申长雨

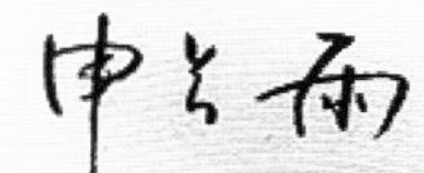

第1页（共1页）

2.2.3 一种矿山充填钻孔变径管的研制

钻孔变径管井下现场图片

钻孔变径管实物图

项目背景

充填钻孔是矿山充填生产的关键设施，一般钻孔深度在100～500m，充填钻孔造价高，施工周期长，一旦出现堵塞报废等问题，将直接对生产造成影响。充填钻孔安装必须规范，才能在出现钻孔堵塞等意外情况时及时疏通，保证钻孔正常使用寿命。同时必须考虑钻孔垂直几百米高差对钻孔底部的压力，及安全使用的问题。该变径管充分考虑钻孔的承压、安全使用及钻孔与充填管路的规范连接。

创新内容

在钻孔底部安装自行研制的变径管，该变径管采用圆锥形外形，压力分布更为均匀，变径管内壁采用钼铬合金材料，外壁采用8mm厚普通钢板复合而成（若采用整体铸钢件加工，在处理堵管时大锤敲击，容易造成变径管受伤，承压能力降低，存在安全隐患）。变径管大径一端采用法兰盘与钻孔直接用螺栓进行连接，变径管小径一端加工成与所使用的耐磨管快速接头内卡盘尺寸一致，可直接利用快速接头将钻孔与耐磨管相连接，拆卸更加轻松自如。

实施效果

复合材质的变径管在处理堵管中可随意敲击，提高了堵管处理效率；钻孔整体结构更加牢固合理，出现故障时更加便于疏通，延长了钻孔使用寿命，作业人员安全得到保障；避免了钻孔底部承压不足造成的爆管事故，大大节约了材料及现场清理费用。

证书号第4298965号

实用新型专利证书

实用新型名称：一种矿山充填钻孔变径管

发　明　人：彭家顺；莫业斌；郭彩守；王兴国；宋旭；张文生；吕玲龙

专　利　号：ZL 2014 2 0757218.7

专利申请日：2014年12月07日

专 利 权 人：金川集团股份有限公司

授权公告日：2015年05月13日

本实用新型经过本局依照中华人民共和国专利法进行初步审查，决定授予专利权，颁发本证书并在专利登记簿上予以登记。专利权自授权公告之日起生效。

本专利的专利权期限为十年，自申请日起算。专利权人应当依照专利法及其实施细则规定缴纳年费。本专利的年费应当在每年12月07日前缴纳。未按照规定缴纳年费的，专利权自应当缴纳年费期满之日起终止。

专利证书记载专利权登记时的法律状况。专利权的转移、质押、无效、终止、恢复和专利权人的姓名或名称、国籍、地址变更等事项记载在专利登记簿上。

局长
申长雨

第1页（共1页）

2.2.4　一种充填钻孔插管的研制与应用

插管实物图

插管现场安装图

项目背景

在深部充填生产中，中段多，钻孔多，料浆流速快，料浆由水平管路进入钻孔后，方向突然发生改变，对钻孔上部的冲击很大，钻孔上部的磨损明显大于下端，很多钻孔的报废大多因为上部磨漏塌孔所致。必须对进入钻孔的料浆进行导流，使料浆进入钻孔后的运动轨迹，尽可能与钻孔的施工倾角保持一致，减少对钻孔上端的冲击，达到保护钻孔延长使用寿命的目的。

创新内容

在钻孔上方安装自行研制的插管。该插管长度一般在500～800mm，插管的管径与生产使用的耐磨管尺寸一致，为了便于安装更换和调整插管安装角度，一般将插管插入钻孔300～500mm的部分加工比外露的200mm部分外径要小5～6mm，然后在插管外露的一端焊接与所使用耐磨管快速接头尺寸一致的内卡盘，此卡盘与耐磨管相连接；沿此卡盘位置往下200mm处，反方向焊接另外一只同样的卡盘，这只卡盘与钻孔上盖上面焊接的卡盘用快速接头连接，可实现钻孔与耐磨管的快速连接。

实施效果

充填钻孔插管的使用主要起到导流、调整料浆进入钻孔角度等作用，改变了以往料浆与钻孔倾角不同步对钻孔造成的磨损，对延长钻孔使用寿命起到关键作用。同时大大节约了因钻孔上部破损的维护费用，二矿区井下钻孔设计寿命80万立方米左右，A2组钻孔普遍寿命都在200万立方米以上。

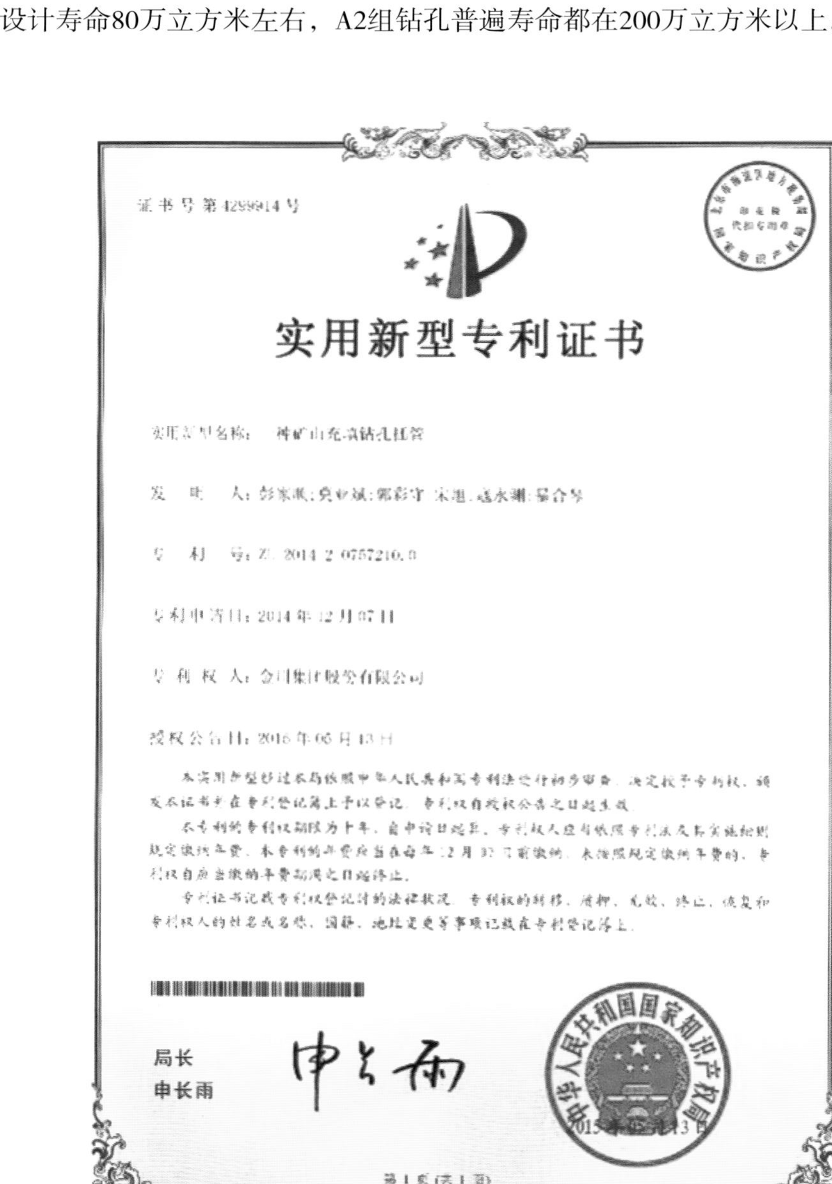

证书号第4299914号

实用新型专利证书

实用新型名称：一种矿山充填钻孔插管

发 明 人：彭家胤；龚亚斌；郭彩宁；宋超；逯永刚；景合琴

专 利 号：ZL 2014 2 0757210.0

专利申请日：2014年12月07日

专 利 权 人：金川集团股份有限公司

授权公告日：2015年05月13日

本实用新型经过本局依照中华人民共和国专利法进行初步审查，决定授予专利权，颁发本证书并在专利登记簿上予以登记。专利权自授权公告之日起生效。

本专利的专利权期限为十年，自申请日起算。专利权人应当依照专利法及其实施细则规定缴纳年费。本专利的年费应当在每年12月07日前缴纳。未按照规定缴纳年费的，专利权自应当缴纳年费期满之日起终止。

专利证书记载专利权登记时的法律状况。专利权的转移、质押、无效、终止、恢复和专利权人的姓名或名称、国籍、地址变更等事项记载在专利登记簿上。

局长
申长雨

中华人民共和国国家知识产权局
2015年05月13日

第1页（共1页）

2.2.5 一种充填三通管的研制与应用

项目背景

矿山井下充填生产，一般堵管的疏通方式是将井下充填管路断开后从地表充填站注水，利用地表与井下的高度差产生的水压将管道逐段疏通。断开管路处理堵管作业工序繁杂，效率低，没等处理完，管道内料浆已凝结，造成大量充填管路堵塞报废。断管作业危险性大，堵管后管路压力达1.5MPa以上，断开管路后易造成管头甩动伤人。

创新内容

在充填管路中每间隔20～30m安装一个三通管，三通管是在一根长度500mm的充填管的中间增加一个出口，出口采用快速接头连接，正常充填时，该三通的出口位置用一块盲板封住。在发生充填堵管事故后，只需将安装在充填管路上的三通盲板打开，逐段处理即可。

实施效果

提高了堵管处理效率2倍以上，确保了系统的安全运行，同时克服了断管处理堵管作业的种种弊端，保障了作业人员的安全，疏通堵管效率的提高避免了充填管路因堵塞而报废，经济效益可观。

证书号第3110761号

实用新型专利证书

实用新型名称：一种矿山井下充填用三通管

发　明　人：彭家顺；莫亚斌；刘洲基；李马；王虎

专　利　号：ZL 2013 2 0118713.9

专利申请日：2013年03月15日

专 利 权 人：金川集团股份有限公司

授权公告日：2013年08月21日

本实用新型经过本局依照中华人民共和国专利法进行初步审查，决定授予专利权，颁发本证书并在专利登记簿上予以登记。专利权自授权公告之日起生效。

本专利的专利权期限为十年，自申请日起算。专利权人应当依照专利法及其实施细则规定缴纳年费。本专利的年费应当在每年03月15日前缴纳。未按照规定缴纳年费的，专利权自应当缴纳年费期满之日起终止。

专利证书记载专利权登记时的法律状况。专利权的转移、质押、无效、终止、恢复和专利权人的姓名或名称、国籍、地址变更等事项记载在专利登记簿上。

局长　田力普

2013年08月21日

第1页（共1页）

2.2.6 一种粉体物料杂物过滤盒的研制与应用

项目背景

充填使用的散装水泥在生产过程中经常混入螺栓、钢筋甚至工具扳手类杂物，充填大流量系统选用了一套较为先进的供灰设备微粉秤，由于微粉秤与灰仓底部结构配合非常紧密，在充填过程中，水泥中的杂物进入微粉秤，将微粉秤卡死，电机烧毁，造成故障停车，影响充填质量，同时设备卡死时处理过程的跑灰冒灰，污染现场工作环境，增加岗位人员、维修人员的劳动强度。

创新内容

在水泥卸灰管路上加装自行研制的水泥过滤装置。该装置是在水泥卸灰通过箱体时，中间的格网将水泥中的杂物过滤在箱体内，粉体物料水泥则进入仓内，通过定期清理过滤盒，有效保证进入仓中水泥无杂物，避免对设备造成损害。

实施效果

有效清除了水泥中的铁器杂物，杜绝了微粉秤被卡死的情况发生，减少了故障停车，降低了维修人员劳动强度；实现了对充填水泥的准确计量和稳定流量的自动控制，提高了充填质量。

证书号第4432505号

实用新型专利证书

实用新型名称：一种粉体物料杂物过滤盒

发　明　人：彭家顺；吴亚斌；郭彩平；吴德芳；宋旭；隋国星；姜合军

专　利　号：ZL 2014 2 0757399.3

专利申请日：2014年12月07日

专利权人：金川集团股份有限公司

授权公告日：2015年07月08日

本实用新型经过本局依照中华人民共和国专利法进行初步审查，决定授予专利权，颁发本证书并在专利登记簿上予以登记。专利权自授权公告之日起生效。

本专利的专利权期限为十年，自申请日起算。专利权人应当依照专利法及其实施细则规定缴纳年费。本专利的年费应当在每年12月07日前缴纳。未按照规定缴纳年费的，专利权自应当缴纳年费期满之日起终止。

专利证书记载专利权登记时的法律状况。专利权的转移、质押、无效、终止、恢复和专利权人的姓名或名称、国籍、地址变更等事项记载在专利登记簿上。

局长
申长雨

2.2.7 组合型耐磨闸板流量调节阀研制及应用

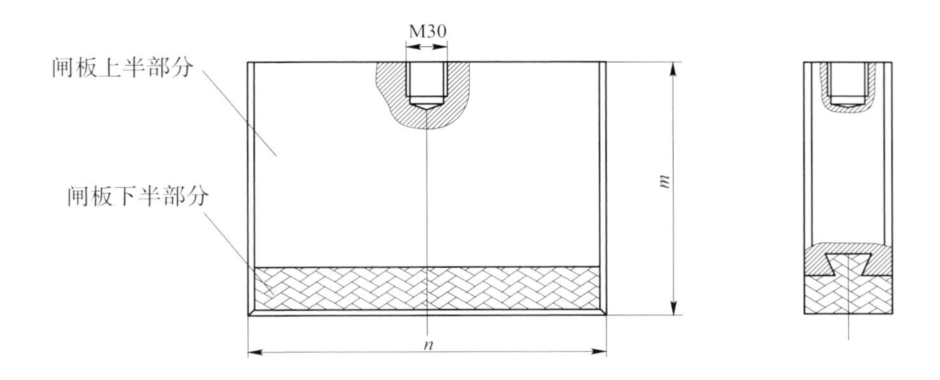

项目背景

闸板流量调节阀是金川矿山充填控制砂浆流量的重要装置，由于料浆浓度高（质量浓度78%），骨料中有碎石及磨砂，对流量调节阀闸板磨损非常严重，造成料浆泄漏和难控制，通常充填3000m^{3}就需要更换闸板一次，成为制约充填连续生产和充填质量的一个重要因素。

创新内容

为了解决流量阀体及阀芯易磨损，阀卡、阀堵、泄露灰浆的弊病，围绕该阀技术人员进行多次技术改造，制作了一种既耐磨又耐腐蚀的流量调节阀，阀板制作分两部分，上部三分之二为普通Q235钢，下部三分之一为非金属耐磨材料，中间联接部位制作成楔形，磨损后只需更换阀板的下部三分之一即可。

实施效果

该阀改进后，阀板耐磨性能明显提高，稳定控制料浆充填达3万立方米以上，比改造前寿命提高了十倍，节约了成本，适用于矿山井下料浆充填。楔形部位联接牢固可靠，并且阀的各部件易更换、易维修。

2.2.8 风水联动清洗充填管路创新

项目背景

矿山充填生产过程中在开车前需要对充填管路进行检查确认及润滑，在停车环节需要对充填管路进行清洗。二矿区充填单套系统管路在2300~2800m，单纯用水去检查确认管路及清洗管路，不仅造成水资源的大量浪费，还会降低充填料浆浓度，造成充填料浆的离析，影响充填体质量。

创新内容

在充填搅拌桶下方充填管路中加装一风水三通管，上方分别连接风、水管路，并用阀门控制，需要用水时开水阀，需要用风时开风阀门。在处理充填堵管作业时也可风水阀门同时打开，用风带动水增加压力清洗管路，简称风水联动清洗充填管路。

实施效果

通过技术改造，减少清洗充填管用水量二分之一，减少处理堵管用水量三分之二，节约了清水使用量，提高了充填堵管疏通效率，降低了人员劳动强度。

2.2.9 井下充填快速换向阀研制与应用

项目背景

二矿区井下同一盘区不同采场充填时，其中一个采场充填结束，需要停车清洗管路后，再将充填管接到另一采场充填，中间有大约1h的清洗管路和充填接管的过程，注水影响充填体质量，浪费水资源，而且耽误生产时间。

创新内容

研制出一种能通过切换管道对同一盘区内不同进路在不停车、不拆卸管路的前提下，实现采场充填进路的互相切换的快速换向阀。换向阀设计成一个进料口、两个出料口，进料口与系统主管路连接，两个出料口分别与两个待切换采场管路连接，达到充填采场管路的互相切换。

实施效果

解决了矿山充填在不停车的情况下，实现对同一采场不同进路之间的连续充填；提高了充填进路的接顶率和充填的可靠性，保证了充填体的稳定性，为安全标准化盘区建设提供保障；避免了为保证充填接顶而产生的溢流灰浆和停车产生的清洗水对盘区现场环境的污染，提高了充填效率，节约了充填材料，极大的减少了因溢流灰浆而造成的矿石贫化。

2.2.10 卧式搅拌轴轴瓦悬吊支撑改造

项目背景

膏体充填过程中，双轴搅拌两端支撑轴与外部连接，在运转过程中轴端伸出部位磨损严重，经常出现漏浆现象，每班需更换密封件一次，维护频繁，生产效率低下，泄漏的灰浆，污染作业环境。

创新内容

针对膏体充填系统双轴搅拌存在的问题，通过技术创新，设计了一种新的搅拌轴槽内吊挂支撑装置，改变双螺旋搅拌槽双轴主动端与被动端的支撑方式，将主、被动端支撑直接改到槽内，利用特殊的铜套轴瓦悬吊方式进行支撑，一次减少两个动密封点。

实施效果

完全解决了双螺旋搅拌轴被动端支撑体易磨损和轴的密封问题，一次减少两个磨损和泄漏点，降低了双螺旋搅拌轴主动端与槽体的磨损和泄漏，明显提高了搅拌轴在槽内的同心度，延长了搅拌轴的使用寿命。该发明取得国家实用新型专利。

证书号第1129167号

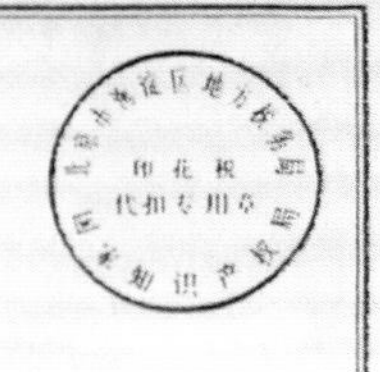

实用新型专利证书

实用新型名称：一种卧式混合料浆搅拌槽

发　明　人：刘洲基;褚会谦;孙越;郭彩守;梁中山;彭家顺;莫亚斌

专　利　号：ZL 2007 2 0187452.0

专利申请日：2007年12月25日

专 利 权 人：金川集团有限公司

授权公告日：2008年11月12日

本实用新型经过本局依照中华人民共和国专利法进行初步审查，决定授予专利权，颁发本证书并在专利登记簿上予以登记。专利权自授权公告之日起生效。

本专利的专利权期限为十年，自申请日起算。专利权人应当依照专利法及其实施细则规定缴纳年费。缴纳本专利年费的期限是每年12月25日前一个月内。未按照规定缴纳年费的，专利权自应当缴纳年费期满之日起终止。

专利证书记载专利权登记时的法律状况。专利权的转移、质押、无效、终止、恢复和专利权人的姓名或名称、国籍、地址变更等事项记载在专利登记簿上。

局长　田力普

2008年11月12日

第 1 页（共 1 页）

2.2.11 一种充填耐磨万向柔性接头研制与应用

项目背景

井下充填管线大多采用ϕ133mm刚性耐磨管，管头与管头属刚性连接，充填管路倒口时管头位置的改变，使管子中心线偏斜，造成泄漏，管线交叉倒口作业时间长，工人劳动强度大，同时也制约着充填效率。

创新内容

该项目研究的主要方向要突破两点：一是刚性管伸缩以实现倒口后管线长度的变化；二是刚性管的转角对接以实现管线接口的同心问题。针对以上两点，设计了耐磨柔性接头。柔性接头根据井下生产现场的实际，紧紧结合充填工艺的需要设计，主要由三部分组成：一端为带卡盘的伸缩头，另一端为球形带卡盘结构的万向头,通过中间带密封装置的伸缩套管、辅助配件连接为一个整体（耐磨柔性接头见上图）。

实施效果

解决了刚性管路中间连接时，对管路接头尺寸及角度的限制，可以多角度自由伸缩，提高了作业效率，解决了生产难题。

2.2.12 一种充填导水阀研制及应用

项目背景

矿山井下充填生产过程前,为保证管路畅通, 通常要用压风试管，用水和水泥浆对充填管路进行4～5min引流、清洗和润滑，然后正常进入高浓度充填。任何原因造成的中途停车和充填结束，都要根据充填使用管路的长短对其进行6～8min的清洗管路。统计显示充填从开车到停车一次正常注入进路的水为7～12t（不包括搅拌料浆的用水量），仅打底按800m^{3}充填量计算，进入进路的充填料浆浓度将降低0.857%～1.35%，按经验结论，充填浓度每降低1%，充填体强度将降低10%。引流清洗水对充填体的质量和充填接顶率影响较大。

创新内容

研制一种充填导水阀，进料口与充填主管路连接，两个出料口一个与待充填采空区连接，另一个与采空区集水坑连接，使用翻板机构，在充填开始前、结束后，通过手柄转动阀板轴，将引流水、洗管水导向盘区集水坑，而不再流到采场进路里。导水阀内衬耐磨材料，阀板使用钢板和胶皮铆接而成，进行可靠密封。

实施效果

该充填导水阀使用后，充填引流水和洗管水不再进入充填采场，提高了进路充填体质量和进路接顶率。有较好的密封性能，无料浆泄漏现象，结构轻巧，重量为15kg左右，采场安装简便，操作安全可靠。

2.2.13　充填管路局部倍线的调整

项目背景

二矿区充填扩能系统共有1号、2号、3号三套系统。其中2号系统自试生产以来，几乎每周都出现一两次开停车环节堵搅拌桶下弯管，甚至全线堵管等事故，而且2号系统在搅拌桶液位保持，浓度控制等方面均比1号系统要困难许多，给系统的安全稳定运行及充填质量控制造成很大问题。

创新内容

经过技术参数比对分析，1号系统距离小井口约8m左右，2号系统距小井口2m左右，由于其离充填小井口较近，局部充填倍线较短，2号搅拌桶料浆流速明显高于1号系统，是造成问题的关键。改造方法是将2号系统搅拌地表管路绕圈延长数米，并增加两根弯管，达到改变2号系统局部充填倍线的目的。

实施效果

解决了2号系统频繁堵管、搅拌液位及浓度控制困难的问题，保证了系统稳定运行及充填质量，同时减少了堵管带来的充填材料的损耗和现场清理费用。

2.2.14 150m/h大流量充填搅拌桶的改造

项目背景

二矿区充填扩能系统在具体生产过程中，搅拌桶叶轮的旋转将混合料浆溅起，导致搅拌桶内壁上水泥结块严重，最厚时达到1米多，清理起来也很困难，不仅严重影响充填料浆制备质量，而且人员在搅拌桶内部清理时劳动强度大，安全管理难度大；搅拌桶底部结构不合理，出料口高于桶底，影响充填料浆流动，经常造成故障停车，影响充填生产的连续性；搅拌桶人孔口往外冒水泥，污染现场环境。

创新内容

将搅拌桶内部进水口改为喷淋装置，把水直接喷在搅拌桶内壁及上下叶轮上，利用水流清洗，达到减少料浆“挂壁”的目的。对搅拌桶的底部结构进行改造，将原设计锥形桶底，改造成出料口低于其他方向的倾斜底部结构，增加料浆流动性，减少物料底部堆积。对人孔口的密封问题，制作环形水槽，加装了水密封，有效解决了生产过程中人孔口冒灰问题。

实施效果

解决了搅拌桶充填过程出现的料浆“挂壁”问题，搅拌清理从原来每周一次减少到每三个月清理一次，减少了人员在受限空间作业的频次，减小了岗位人员劳动强度，保证了充填料浆制备质量和关键设备长时间稳定运行。

2.2.15 定量给料机泥水收集装置

项目背景

大流量充填系统中使用定量给料机输送棒磨砂（含水率在10%以上），由于棒磨砂是用中水生产，中水中含有大量盐分，定量给料机运行过程中或停止运行时都有泥水从给料机皮带上流出，浸泡地面与墙壁，对建筑物腐蚀比较严重，同时污泥遍地，也造成新建系统现场环境卫生差，职工劳动强度增大。

创新内容

在定量给料机皮带下面安装接水槽和清洗装置，具体做法是：在定量给料机的下面安装一个上宽下窄的梯形接水槽，接水槽前低后高，倾角约为3°，将经过计量后的生产水引至集水槽头部，形成喷淋装置，清洗皮带上附带的泥砂，将接水槽中收集的细颗粒泥水导入充填搅拌桶，既达到清洗皮带的目的，又实现皮带清理的泥砂的再次利用，同时解决了现场泥水无法治理的问题。

实施效果

实施后，彻底解决了定量给料机使用过程中砂子和泥水流出，造成现场环境差，作业人员劳动强度大的问题，同时避免了中水对墙壁、地面的浸泡、腐蚀，保证了建筑设施的安全，节约了材料及现场清理费用。

2.2.16 新型皮带泥水清扫可调装置研制与应用

项目背景

充填输送棒磨砂的皮带运输机，由于棒磨砂含泥水较多，皮带返程段在经过托辊和改向轮时，细砂颗粒和泥水流淌到皮带架下面，造成现场卫生差，岗位人员清理工作量较大。普通的清扫器不能及时调整清扫器的松紧度，泥砂夹在清扫器与皮带胶面之间导致清扫失效，泥水无法清理干净。清扫器磨损后如不及时更换易将皮带挂坏，而且还造成皮带运输机的跑偏，引起设备停机、跑砂、漏砂、皮带边缘磨损，甚至皮带撕裂等一系列问题。

创新内容

研制一种新型皮带泥水清扫可调装置，该装置由清扫面、调紧装置及固定底座组成，安装在皮带返程面。在皮带返程面通过涡轮传动机构配合弹簧调整清扫器的松紧度。泥水较多时，通过顺时针旋转侧面的调紧装置，即达到调紧清扫器的目的；当泥水较少时，相反操作即可。其创新点根据皮带返程面粘接物料多少，可随时调节皮带与清扫装置接触面的松紧度，达到既能清扫粘接在皮带上的泥水又不损伤皮带的目的。

实施效果

安装使用后，清扫效果良好，不损伤皮带胶面，更换方便，维护量小,延长了皮带使用寿命，减轻了工人劳动强度，改善了现场作业环境。

2.2.17 皮带供砂系统振动筛的改进

项目背景

振动筛是充填系统对砂石中的杂物、大块等进行筛分，保证充填骨料质量和搅拌系统正常工作的关键设备。大流量系统两套系统作业每小时供砂量在360t以上，由于振动力大，振动筛侧面框架与筛底之间的连接螺栓常常被剪切力切断，造成筛底脱落。振动筛偏心轴与偏心轮运行一段时间经常出现“滚键”现象。一套系统充填时高功率运行又会浪费电能。这些问题叠加起来，严重影响系统稳定运行。

创新内容

改进振动筛框架与筛底的连接方式，将筛框与筛底侧向连接改进为沿振力方向的上下连接方式，消除了剪切力。具体方式是在框架底部两侧沿振动筛纵向各焊接一根长度与筛框相等的支撑角钢，将筛底放置在支撑角钢上，用螺栓将筛底与支撑角钢上下连接固定，将振动时对连接螺栓的侧向剪切力转变为上下拉应力。同时将筛网规格改进为上半段为粗孔，下半段为细孔，阻隔了部分杂物在筛底面上连续滚动时通过筛底进入系统的可能性。将振动筛偏心轴与偏心轮的单键连接改为双键连接。另外，将振动筛电机更换成变频电机，加装变频器。

实施效果

改造完成后筛底连接螺栓再未被切断过，彻底解决了大流量系统振动筛运行几天就散架的问题；筛网规格分成两段，起到了对杂物的有效分拣；偏心轴由单键连接改为双键连接后，杜绝了“滚键”现象发生；加装了调频装置后，使振动筛的启动、运行更加平稳，振动筛电机功率可以随供砂的变化调节，大大节约了电能。

2.2.18 井下中段充填管道增阻措施的研究应用

项目背景

二矿区在2007年，起用A2组充填钻孔，由于1600充填竖井较深，底部水平管路又比较短，因此充填倍线值小，砂浆流速非常快，对充填管道磨损加剧，每三天就需要更换一次竖井下弯管。

创新内容

在1600充填竖井下弯管后面2～3m管线处，依据充填管路倍线值大小将管路制作成一个或两个S形或拱形装置，人为增加管路阻力，减小料浆流速，降低充填管路倍线值，从而减少砂浆对管道的磨损、冲击。

实施效果

有效的解决了地表至1600竖井充填管料浆不能满管运行的问题。使地表至1600充填竖井管及下弯管使用寿命提高3倍以上，本项目获得集团公司2010年职工经济技术创新成果优秀奖。

2.2.19　一种天车复合弹簧缓冲装置的研制与应用

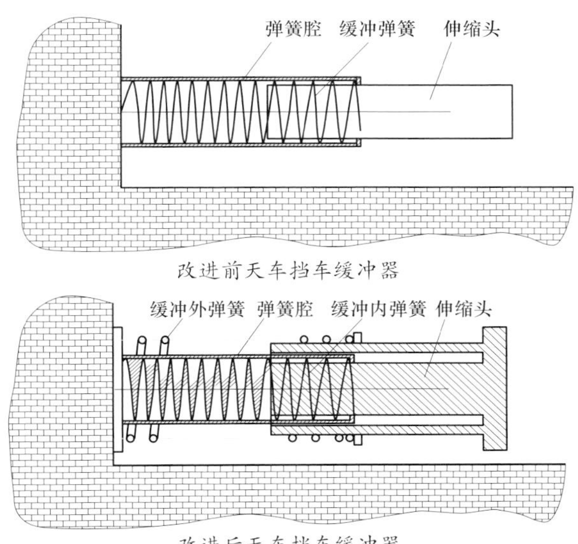

改进前天车挡车缓冲器

改进后天车挡车缓冲器

项目背景

二矿区充填工区天车房大车行走轨道两端安装的挡车缓冲器，因存在缓冲能力不足，接触面积小，在发生较大冲击力时，起不到有效的缓冲作用，天车在重负荷冲击时，常常将挡车器撞坏，对天车设备和厂房建筑造成不同程度的损害。

创新内容

为了克服现有缓冲器缓冲力不足的缺陷，设计一种内外均有弹簧进行缓冲的挡车器，具体是将伸缩头加工制作成特殊的圆柱圆环形，小弹簧放置在弹簧腔内，套接伸缩头中间的圆柱，大弹簧安装在弹簧腔外面，套接伸缩头外周的圆环，起到双重缓冲的作用。同时增大天车缓冲器与挡车器之间的接触面积，减少冲击力。

实施效果

该缓冲装置改进后，挡车器及天车房大梁得到有效保护，减少了天车运行过程中对厂房建筑的冲击，天车运行稳定性显著提高，对天车上的设备也起到有效保护作用，减少了设备故障率，同时降低了备件消耗。

2.2.20 尾砂放砂控制外夹式夹管阀的设计与应用

项目背景

二矿区二期搅拌站尾砂放砂控制系统原设计使用德国产ϕ159mm电动调节内夹式夹管阀，但由于开启慢、磨损严重，且阀芯磨损后无备件更换，阀芯价格高等原因，后改用电动调节球阀，因阀门腐蚀、磨损严重，改为了普通球阀手动控制，由于用球阀控制尾砂流量，不能满足浓度计、流量计管道物料满管运行的工作条件，造成了浓度、流量控制均不稳定，阀门调节十分困难等问题，严重影响了膏体充填质量和尾砂的正常使用；后改为芜湖产DN100内夹式夹管阀，同样遇到了橡胶阀芯磨损严重，磨漏后不易发现，造成管路堵塞的情况，更换困难。为了改变这种状况，工区对尾砂控制阀进行技术改造，以便于尾砂控制阀阀芯的及时更换，减小劳动强度，降低成本，实现对尾砂的准确计量和稳定自动控制。

创新内容

根据现场调研，我们利用ϕ108mm特殊橡胶管路，设计开发了一种长为600mm的外夹式夹管阀（配装电动执行器），用于控制尾砂放砂。该夹管阀结构十分简单，只需通过电动执行器的直行推动外夹板使特殊橡胶管实现变径，就可对尾砂放砂进行有效的自动控制；同时，外夹式夹管阀安装、维修简单，胶管一旦磨损就能直观发现，避免了跑砂漏浆和堵管现象的发生，减少了系统故障停车次数，节约了成本费用；同时安装具有空管监测功能的新型电磁流量计用于检测尾砂流量，可避免因空管干扰信号造成的虚假计量，保证了尾砂物料配比的准确，稳定了膏体充填物料的控制，保证了膏体充填质量。

实施效果

实现了尾砂的控制室集中自动控制，提高了控制稳定性和生产效率，提高了尾砂计量的准确性，保障了膏体充填质量。改用特殊橡胶管路提高了夹管阀的使用寿命，减少了备件消耗。夹管阀的外夹式设计既节约了成本费用，又方便点检时发现阀芯磨损情况并及时更换，减少了设备故障率和维修量。

2.3 三矿区技术创新成果

2.3.1 充填斜井高压风助推排污技术应用

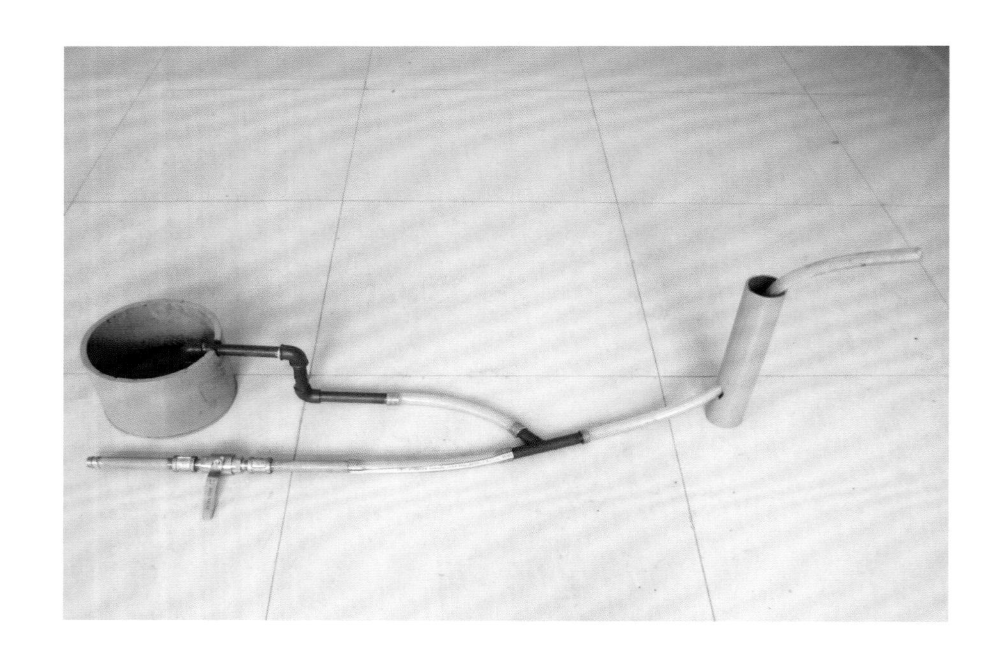

项目背景

充填斜井污水长期排放至井下，造成井下现场的二次污染及二次排污的重复能源浪费，大量程污水泵虽然可以解决，但采购费用高。

创新内容

通过地表充填钻孔敷设50mm塑料管至充填斜井，和原井下排污管对接；制作旁路三通对接充填斜井高压风，并安装风压调节阀门；开启充填斜井排污泵，充满管道，开启高压风进行助推，排污至地表排洪沟。

实施效果

该项技术已成功应用在充填斜井，彻底解决了过去污水从充填钻孔排放至井下充填副中段又二次回收的能源浪费问题。

证书号第5051870号

实用新型专利证书

实用新型名称：一种高压风助推排水装置

发　明　人：张忠；马成文；张斑虎；綦永；何学清；高林林

专　利　号：ZL 2015 2 0766911.5

专利申请日：2015年09月30日

专利权人：金川集团股份有限公司

授权公告日：2016年03月09日

本实用新型经过本局依照中华人民共和国专利法进行初步审查，决定授予专利权，颁发本证书并在专利登记簿上予以登记。专利权自授权公告之日起生效。

本专利的专利权期限为十年，自申请日起算。专利权人应当依照专利法及其实施细则规定缴纳年费。本专利的年费应当在每年09月30日前缴纳。未按照规定缴纳年费的，专利权自应当缴纳年费期满之日起终止。

专利证书记载专利权登记时的法律状况。专利权的转移、质押、无效、终止、恢复和专利权人的姓名或名称、国籍、地址变更等事项记载在专利登记簿上。

局长
申长雨

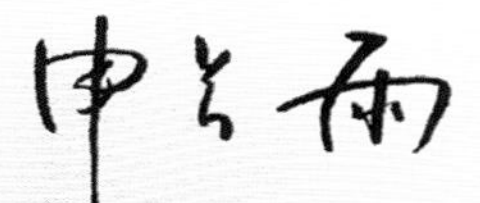

2016年03月09日

第1页（共1页）

2.3.2 供砂皮带出料口放溢料自动报警控制装置

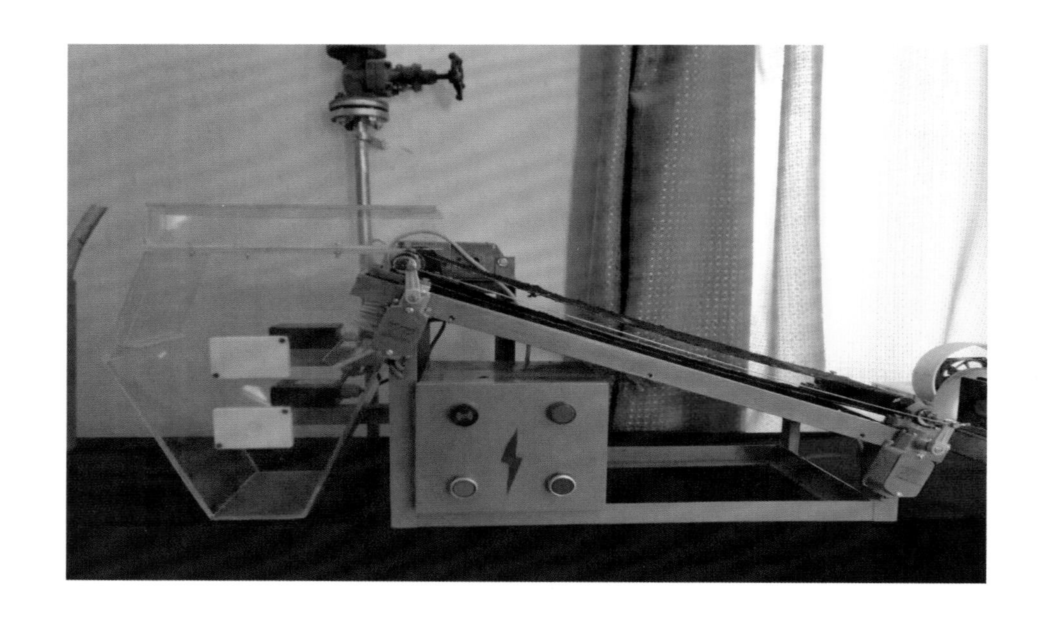

实施背景

充填给砂物料输送是充填过程控制的关键环节。因为物料黏度的变化，会发生在给砂皮带出料口的堆积、溢料情况，直接导致充填过程停车和现场清理工作的额外增加，造成充填质量的波动和现场环境的污染。

创新内容

利用光电开关设置物料堆积状态的报警和控制，通过联锁皮带控制开关实现物料外溢时的皮带急停控制，设置观察口，便于巡检人员的及时发现和清理。

实施效果

有效杜绝了充填皮带运输机出料口堵塞引起的故障停车问题，冲刷装置降低了积料风险、声光报警便于现场作业人员及时发现和清理，确保了充填皮带运输机的安全运行。

2.3.3 搅拌控制安全防护锁操作法

项目背景

充填搅拌桶内作业属于受限空间作业。实际生产中，搅拌作业人员进入搅拌桶清理作业频繁，为了确保搅拌桶作业人员的作业安全，通过对现场控制开关实施安全防护锁应用，实现对现场检修及作业人员的有效安全可靠保障。

创新内容

该项操作法应用可以让现场检修及岗位作业人员进入搅拌桶内作业前，搅拌控制锁定在检修状态，通过携带关闭的搅拌桶控制开关钥匙进入搅拌安全作业，从而实现搅拌作业的安全保证。

实施效果

该操作法已成功应用在充填老系统、新系统，杜绝了误动现场开关和远程开关风险，工作时可确保搅拌桶内作业人员安全。

2.3.4 搅拌桶底阀可拆卸连接技术应用

项目背景

搅拌桶底阀是充填制浆环节的关键部件，由于底阀阀芯设计材质为橡胶，且设计在搅拌桶内部，受搅拌灰浆的磨损，消耗数量大，更换频繁。受搅拌内环境和原机构设计限制，每次更换阀芯需要按照长度尺寸切断阀芯连接杆，然后在搅拌桶内找正、焊接。

创新内容

设计连接装置机构。顶部设计可调节连接机构，利用管螺纹正反扣原理设计，满足底阀连接杆与提升阀主杆的连接和长度要求，实现可调；中部设计密封盘，防止水、灰浆进入阀芯内部，破坏下部连接螺纹；下部由密封盖和管螺纹组成，实现密封。

实施效果

安装机构使用后，实现了一次对正、拆卸方便、多次拆卸的效果。

2.3.5 搅拌桶进灰口结构技术改进

项目背景

实际生产中，搅拌桶进灰口存在料浆上溢、湿气凝结造成的进灰口堵塞问题，易造成充填故障停车，影响充填质量安全。

创新内容

通过在搅拌桶进灰口顶部加装观察孔和水式密封盖的技术改进，可以方便下灰口堵塞处理；直通式观察孔的应用可以方便现场作业人员对下灰口的检查确认，降低进灰口堵塞风险和粉尘污染问题。

实施效果

有效解决搅拌桶进料口堵塞问题，保证给灰系统运行安全。

2.3.6 皮带运输机无源纠偏器应用

项目背景

大倾角长距离带式输送机实际应用中容易发生皮带跑偏，皮带严重跑偏通常会导致撒料，皮带和滚筒磨损严重甚至会划割或撕断皮带，引起设备事故，存在安全隐患。

创新内容

无缘纠偏器与一组调心托辊架配套组合形成一套皮带调偏装置。选择在距离带式输送机尾部10m的位置安装，调整无缘纠偏器支架高度，使两侧调偏轮的高度正好处于皮带摆正时的皮带沿上方，皮带跑偏时，高出调偏轮一侧的皮带与其接触，调偏轮开始转动，带动液压缸的液压油推动液压伸缩拉杆伸长或者收缩，无缘纠偏器的伸缩拉杆平行皮带方向固定在摩擦上调心托辊架斜臂上，使斜臂受到沿皮带运动方向的推力或拉力，摩擦上调心托辊架的V形架绕其平臂下面的深沟球轴承转动，进而带动V形架上的调心托辊转动，增加跑偏侧的侧向力，另一侧皮带跑偏原理相反，最终起到自动调整皮带跑偏的功能。

实施效果

提高皮带运行的稳定性，预防皮带跑偏所带来的风险，实现了自动纠偏。

2.3.7 一种搅拌桶水密封装置

项目背景

职工的生命健康是企业发展的保障，搅拌系统长期存在的粉尘问题，直接影响到了现场作业人员的身体健康，同时对现场生产环境和设备设施造成了严重的污染。

创新内容

（1）在搅拌桶顶部加装环型喷射水环，利用高压喷射形成的水雾实现搅拌桶内粉尘的一次密封；（2）通过改造搅拌入口和密封盖为槽型水环密封装置，达到用水密封粉尘的二次密封；（3）解决了搅拌桶顶部过去搅拌喷溅料浆的结垢问题。

实施效果

该技术成果应用有效解决了搅拌系统外泄粉尘对作业环境的污染问题，保障现场作业人员的职业健康，同时降低了粉尘对现场设备设施的危害。

证书号第4033224号

实用新型专利证书

实用新型名称：一种搅拌桶水密封装置

发　明　人：张忠；綦永；苏毅波；党宗刚

专　利　号：ZL 2014 2 0439915.8

专利申请日：2014年08月06日

专 利 权 人：金川集团股份有限公司

授权公告日：2014年12月31日

本实用新型经过本局依照中华人民共和国专利法进行初步审查，决定授予专利权，颁发本证书并在专利登记簿上予以登记。专利权自授权公告之日起生效。

本专利的专利权期限为十年，自申请日起算。专利权人应当依照专利法及其实施细则规定缴纳年费。本专利的年费应当在每年08月06日前缴纳。未按照规定缴纳年费的，专利权自应当缴纳年费期满之日起终止。

专利证书记载专利权登记时的法律状况。专利权的转移、质押、无效、终止、恢复和专利权人的姓名或名称、国籍、地址变更等事项记载在专利登记簿上。

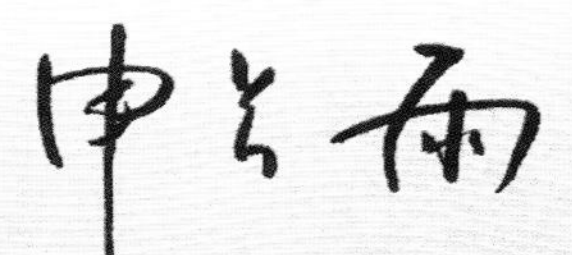

局长
申长雨

2.3.8 一种应急疏通充填钻孔安全防护装置

项目背景

深孔充填发生钻孔堵塞时，人员应急处理，需要打开钻孔进行疏通。目前，实际生产中，三矿区在用1150水平充填钻孔垂直内料浆压力为10MPa，存在钻孔排放料浆压力过大对现场作业人员造成喷溅伤害的安全隐患和疏通效率不高存在的钻孔堵塞系统隐患。

创新内容

（1）设计加工安全防护隔板，实现应急处理的安全隔离；（2）加工制作应急处理专用工具，实现安全拆卸；（3）设计安全护目镜储物盒，防止料浆从观察孔喷溅；（4）一体化标注作业流程，便于按规操作；（5）有效提高了应急疏通钻孔效率，降低钻孔堵塞凝结报废风险。

实施效果

该防护装置有效解决了充填管道发生“堵塞”时，现场作业人员应急疏通充填钻孔存在的安全隐患。为现场作业人员应急处理创造了良好的安全保障基础，同时，有效提高了应急处理响应时间，降低了钻孔疏通不及时发生凝结报废的系统风险。

2.3.9 自制充填钻孔高压对接法兰

项目背景

实际生产中，充填井下钻孔对接连接方式实际应用中存在充填料浆流速波动等因素造成的对接法兰密封胶垫断裂等现象的发生，存在安全隐患。

创新内容

（1）自制加工对接法兰采用加厚锰钢材质，法兰密封水印采取内嵌式设计。（2）用标准ϕ133mm胶垫替代原人工加工的平面胶垫，实施内嵌式安装方式，彻底杜绝密封垫脱落问题，且便于更换。

实施效果

该技术已成功在充填井下钻孔对接法兰应用，解决了胶垫长期使用存在的老化断裂等密封不好的现场污染问题。

证书号第[illegible]号

实用新型专利证书

实用新型名称：[illegible]

发 明 人：[illegible]

专 利 号：ZL 2015 2 [illegible]

专利申请日：2015年[illegible]月[illegible]日

专 利 权 人：[illegible]有限公司

授权公告日：2016年03月09日

[illegible]

[illegible]

[illegible]

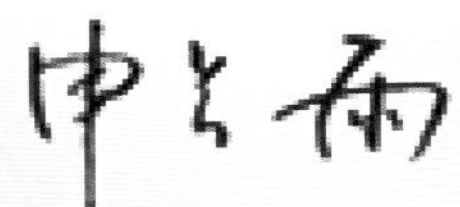

局长
申长雨

第1页（共1页）

2.3.10 自制开放式可拆卸管夹阀应用

项目背景

充填料浆输送控制阀门三家矿山普遍采用的是外购的闸板阀，存在流量控制非线性、阀体密封不严造成的现场污染和更换难度大及采购费用高的实际问题。

创新内容

解决充填料浆输送控制非线性的问题，便于自动控制的稳定性；解决闸板阀密封难度大产生的污染问题；成功将该项创新型专利转化为实际应用。

实施效果

充填液位和流量控制平稳、现场无污染、更换方便、采购成本降低，阀体工作状态直观。

2.3.11 风水联动除尘技术应用

项目背景

充填砂仓实际生产中存在抓斗在运料时现场粉尘大的问题，对现场作业人员和电器控制设备造成一定的粉尘污染。

创新内容

（1）制作喷淋头连接水管固定在粉尘污染面位置；（2）在喷淋头下部引入高压风控制阀门和喷淋水控制阀门，实现风水雾化效果控制。

实施效果

经过现场实际验证，该装置有效解决了砂仓粉尘的污染问题，在夏季使用还起到了现场降温的效果，现场应用效果得到了职工的认可。

2.3.12　利用气动注油机，制作井下风机注油泵

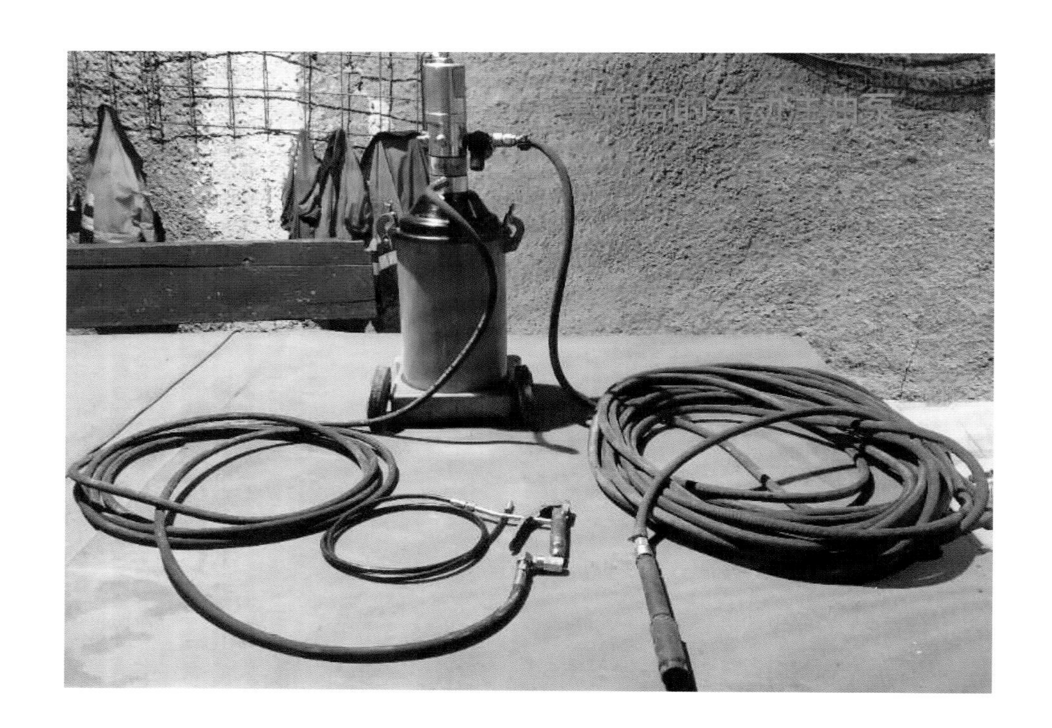

项目背景

井下充填回风道局扇24小时不间断运行，风机的润滑是一项日常保养工作，普通黄油枪完成一次充填回风道风机的注油润滑保养需要3～4天，效率低。

创新内容

（1）利用气动注油机解决人工手动注油效率低的问题；（2）自制注油机后置进风口和前置油泵出油口活接接头，实现注油机的方便移动作业；（3）利用氧气带作为风机注油风管连接软管，方便现场远距离黄油注油。

实施效果

经过现场实践应用效果验证，该装置的应用有效提高了风机润滑保养效率，减少了作业时间。

2.3.13 利用手提砂轮机自制切割专用工具

项目背景

充填钻孔头部、搅拌桶入下砂口，圆盘给料机护圈等充填设备设施采用的耐磨材质多为胶皮衬皮。在实际使用中，衬皮属于易损件，更换频繁，每次更换，都是用壁纸刀修剪作业，费时费力作业时间长。

创新内容

通过房屋装潢工瓷砖切割工具得到启发，利用手提砂轮机上的螺孔眼，做了一个专用滑行槽，固定在手提砂轮机上，并把砂轮片更换成切割片，就可以在皮子上切割作业了（薄一点的铁皮也可以切割）。

实施效果

该装置应用后，比原有用壁纸刀能节省一半的时间，降低了劳动强度。

2.3.14 矿山井下充填管道疏通器

项目背景

矿山井下胶结充填工艺普遍存在管路“堵塞”现象。胶结材料在管道内凝固，无法继续使用，现场回收难度大，直接造成充填材料浪费，增加企业成本管理风险，降低企业核心竞争力。

井下堵塞充填管

疏通的充填管

创新内容

本装置的主要技术内容：（1）开发了以高压风作为动力源的风动马达驱动装置（高压风为井下主要动力源）；（2）研发了可拆卸式分段钻杆，适用不同长度的管道；（3）研发了分离式有轨管道固定平台和控制操作平台，便于井下运输、安装和操作；（4）根据堵塞物强度不同，研发了分挡可调节操作执行机构，实现了切削、吹渣、清洗同步进行，降低管道内壁损伤风险；（5）开发了管道快速固定卡具，缩短了疏通管道的安装时间。

结束语

近年来，金川集团公司工会在大力开展技术攻关的基础上，把群众性的技术创新活动作为推进矿山技术进步的重要内容，以提高劳动生产率、优化经济指标为目标，秉持“人人参与创新、时时都在创新、处处体现创新”的群众性技术创新理念，依托集团公司互联网+技术创新平台、职工创新园、劳模（职工）创新工作室，围绕矿山发展目标及中心工作，广泛组织开展职工经济技术创新、先进操作法命名、合理化建议征集等活动，活动的开展对于激发职工创造活力、提升职工技能素质、促进矿山技术进步起到了积极的推动作用。

本次编辑印发的《金川集团股份有限公司矿山充填系统职工经济技术创新成果汇编》充填分册，是由龙首矿充填工区牵头，会同二矿区充填工区、三矿区充填工区聚焦充填方面的工程技术人员、创新能手、一线生产骨干汇总近年来在系统优化、工艺改进、技术改造、提质增效等方面的创新项目与技术，是我们对近年来技术创新成果的总结，也希望通过这种方式，有针对性地引导班组与岗位职工紧紧围绕经济指标优化、装备水平提升、安全生产等重点工作，激发和引领更多的职工投身到创新中来，为公司绿色高质量发展做出新的更大的贡献。